JN320539

オールバックの放送作家

――その生活と意見――

高橋洋二

国書刊行会

まえがき

髪型がオールバックの放送作家、高橋洋二です。

本書は二部構成になっており、一部が二〇〇〇年から〇七年まで「小説新潮」に連載していたコラム「昼下りの洋二」をまとめたもので、二部が同じ頃、同誌を始めあちこちの雑誌などに書いた比較的長めの文章を集めたものである。

「昼下りの洋二」では毎月、身の回りの出来事を中心に好きなことを書かせていただいた。「こんな旅行をした」「阪神タイガースが今年も弱い」「こんな映画を観た」「近所にこんな店ができた」「阪神タイガースが強くなった」といったものだ。

二部の方では、テレビやラジオについて、放送作家としての〈送り手側〉の立場から書いた現場の話や、ひとりの文筆家としての〈受け手側〉の立場で、放送界や音楽界に対しての考えをまとめた文章を載せている。二部のタイトルは一部の〈昼下り〉と対になる言葉を入れ、そういえば自分は夜遅くによく仕事をしてるなあということで「深夜もオールバック」としてみた。ついでに言うと私は出かける前に入浴する習慣なので、深夜に仕事が終り帰宅してからもずーっとオールバックである。

かくして、〈オールバックの放送作家〉高橋の、一部が〈生活〉で二部が〈意見〉という一冊となっている次第である。

対談は私がコント台本や放送台本を長年に渡り書かせていただいている爆笑問題のおふたり、放送作家仲間として渡辺鐘さんにお願いした。さらに私の文筆業の古くからの読者でありご自身も優れた文筆家の宮崎吐夢さんに寄稿していただいた。かなり豪華なラインナップである。このように知り合いに才能豊かな人が多い私の本、ひとつ気楽に読んでみて下さい。

目次

昼下りの洋二

深夜もオールバック

オールバックの放送作家

——その生活と意見——

装丁　和田誠

昼下りの洋二

■自分の名前入りタイトルははずかしいのですが

連載を始めるにあたりタイトルを考えた。二〇〇〇年がどうのこうの言われている時節柄「2001年都内の旅」というものを思いついたが、誰かとかぶりそうだし、意味合いも判りやすすぎる感があり却下。どうせならと考え今まで考えてみたこともなかった、自分の名前入りはどうかと考える。有名タイトルをもじるオーソドックスなスタイルで「明日に架ける高橋」「何がジェーンに起っ高橋」「高すぎた橋」……高橋はダメであった。もじりがいが無い。「武士は食わねど高橋洋二」は、結婚式のスピーチ的なおっさんくさいうまさである。ならば「洋二」でと、「情事」が語感的に近いことから「昼下りの洋二」を思いついたというてんまつである。他の「情事」がつく映画では「危険な洋二」「洋二の方程式」さらには「洋二」になってしまう。文芸誌の中の軽い読みもののページのタイトルといえば、何かをもじって筆者の名前を入れるもの、という勝手な思い込みを自分にあてはめると「昼下りの洋二」だったのだ。

さて私はバラエティ系番組の構成をしたりコントライブの台本を書いたり、雑誌で、最近これで笑ったみたいな文章を書いたりと、職業的に「お笑い」に縁があるのだが、そういう生活を長く続けていると、そういう者同士では当り前のことが、一般社会では突飛なものとして見られたりもする。

フジテレビの「ポンキッキーズ」に爆笑問題が出演するようになってから構成に参加しているのだが、ある日の打ち合せで、盆栽の鉢植えが登場する場面の展開を考えることになった。私と、私より少し若い構成者の渡辺君はすぐに「まず野球のボールが飛んでくる」を当然のごとく思いついたのだが、「なぜボールなのか?」と疑問を投げかけられると、なぜかというよりそういうことになっているからとしか説明できなかった。そして私は子供の頃、近所の原っぱで野球をしている時、本当に打ったボールで人の家の盆栽を壊しておこられたことがある、と実はあまり意味のない自慢をしたら渡辺君が「それうらやましいっす」とずい分喜んでくれたので、他にも実体験でブルドッグに追いかけられた時の話と、そば屋が自転車で出前途中に転ぶところを見た話をして、もっとうらやましがらせたりした。

マンガみたいなことを実際に目撃すると、得したような気分になる。十年位前、生まれて初めて「食い逃げ」を目撃した新宿のラーメン屋は先日の大火事で焼けてしまったが。

（00年1月号）

当時三十八歳だった私が、三十歳だった渡辺さんを「私より少し若い構成者」と説明している所に若干の違和感というか厚かましさも感じるが、人間、三十歳を越えるあたりから同世代感を感じる人の年齢が下の方に伸び始めるものなのかも知れない。少なくとも私はそうだ。

渡辺鐘《あつむ》さんはジャリズムの活動を休止して放送作家業を始めたばかりの頃である。〇八年に「世界のナベアツ」としてものすごいブレイクぶりを見せたが、この「ポンキッキーズ」で登場した爆笑問題演ずるキャラクター「爆チュー問題」は現在もCSフジテレビ「空とぶ！ 爆チュー問題」として存続している。私と渡辺さんは今もこの番組でコント台本を書いている。

■デヴィ夫人のパーティ友達は、やや片寄った人選

　ある日テレビをつけたらワイドショーにデヴィ夫人が映っていて、現場はどうもパリのようで、これはいわゆる密着もののちょっと豪華なやつであった。

　テレビで毎日のようにみかけるが、実際にどのくらい偉いのかのレベルが見えにくい人であるだけに、この密着もの、セレブリティもたくさん集まるパーティらしいので観てみることにした。伝統ある（らしい）ベスト・ドレッサー賞の記念パーティで、デヴィ夫人はプレゼンターをつとめるという。格式あるホテルのボールルームか何かだろう、三百を越える出席者は当然欧米人ばかり、レポーターの女性にデヴィ夫人が、友人たちを紹介する。「こちら主催者の方」とうながされカメラがとらえた白人中年女性は、ウルスラ・アンドレスだった。初代ボンドガールはこういう所でこんなことをしていたのだった。無論デヴィ夫人とも親しそうだ。つづいてやってきた、もう少し若い中年女性をデヴィ夫人が紹介する。「こちら、クローディーヌ・オージェさん」またボンドガールである。「ふたつめかみっつめの007に出てた方」とデヴィ夫人はアバウトな説明をする。しかもクローディーヌ・オージェは「よっつめ」の『サンダーボール作戦』に出てた方である。アバウトで間違いのある紹介だがオージェは怒らない。日本語だから。

　つづいてどんどんセレブリティがデヴィ夫人の元に挨拶に来る。今度はジル・セント・ジョンだった。七作目『ダイヤモンドは永遠に』のボンドガールである。ボンドガールしかいねえのか！　という三段落ちをみせられるとは思わなかった。しかも歴代ボンドガールがこうして現在、横のつ

ながりを持っているとは知らなかった。ジル・セント・ジョンは「とにかくデヴィは会話がおもしろいの！」と上機嫌である。そしてデヴィ夫人はこの席でも毒舌が売りなのだろう。ジルは自分のいないところで、「ジルは気品に欠けるのよ」と自分がデヴィ夫人の悪口の対象になってることを知らないのだ。きっと。

会場にいる人々全員、なんだか「刑事コロンボ」の犯人にいそうなタイプばかりだなあと思っていたら、ジル・セント・ジョンの夫という人物をみて二度びっくり、ロバート・ワグナーが登場！あのナタリー・ウッド水死事件の際、疑惑の渦中にいた当時の夫だった人だ。しかも今回ベスト・ドレッサーに選ばれたのがロバート・ワグナー。なんなのだこのパーティ。

（00年2月号）

「セレブリティ」という言葉も今は「セレブ」と使われるようになり「セレブリティっぽい人」「単なる金持ち」「成り上がり」などひっくるめた曖昧な日本語として定着した感がある。

■ハガキにそえたい大切な「くだらなさ」

長めの放送台本を書く時は、テレビ局や制作会社の会議室や、空いている誰かのデスクを借りることが多い。その日は、知り合いの三十代のディレクター氏の机を、許可を得て拝借していたのだが、ふと目が、机上の隅にある一通のハガキに止まった。何気なく手に取るとそれは、ディレクター氏の郷里である、九州の地方都市からのもので、勤務先が○○病院に替わります、といった内容が時候のあいさつと共に印刷されていた。旧友からのよくある通知である。差出人の青年医師がディレクター氏とは気の置けない間柄であろうことは、固めの印刷文の脇にボールペンでつづられた、以下の短い私信に表われていた。

「元気してる？　やらせ、やってない？」

「やってねえよ」と受取ったディレクター氏はつぶやいたことだろう。まさにベストの軽口と言えよう。あいつは東京でテレビのディレクターやってるんだったな、だったらネタは旬の「やらせ」だな、といった程度の認識、その浅さが「拝啓、皆様におかれましては――」などと始まる本文のまっとうさと相俟ってグッとくる。もし仮りにそのディレクター氏が実は重大なやらせ問題を抱えこんでいたとしたら事態は更に喜劇的である。文面には「心配」という要素がゼロなのだ。

肉筆でそえられた短信には、自分と相手との間にある、大切なものを確認したりキープしたりする役目があるとして、場合によってはその大切なものは「くだらなさ」だという場合もあろう。その場合旧友が教育関係者なら「お前の担任のクラス、崩壊してない？」、宗教関係者なら「ミイラって生きてるのか？」と書きそえるのが望ましい。コンピューター関係の仕事、というだけで「YAHOO株、持ってる？」と書いてやるのも良さそうだ。お前！　全然わかってねえな！　ということを何のためらいもなく書くのだ。そして何よりも「本気」でやらなければ勢いは出ない。

そういえば今から十数年前、私が放送作家になりたての頃、文化放送で夜の生ワイドの一曜日を担当していたのだが、そういうことは一部親戚にも噂が届くもので、ある時実家の両親の家に、叔父から「洋二君がラジオに出てる」と新聞ラテ欄の切り抜きが送られて来たことがあった。その切り抜きは「吉田照美のてるてるワイド▽今夜登場！あの高橋名人！」というものであった。私はファミコンの名人ではないし、スタッフはラテ欄に名前は出ないよ。

（00年3月号）

文中に「旬のやらせ」とあるが、このあともずーっとテレビ業界は「やらせか？　演出か？」の問題と常に隣合せの状態である。

■その昔前田武彦は名付け親の名人と呼ばれたが

絶滅寸前のものは何か？　それはメダカだとか電報だとか、新聞やテレビはデータつきで教えてくれるが、実は個人的に最近ふと気づいた絶滅寸前物体がある。

ひと昔以上前の八八年頃、関わっていた番組のスタッフで、人にあだ名をつけるのが好きな人がいた。ある若いＡＤは顔が赤い、というだけの理由で、「ホーナー」と命名された。当時ヤクルトにいた助っ人のボブ・ホーナーからとったものだ。ある日そのＡＤがちょっとしたミスをして彼を本名で呼ぶディレクターに説教をされていた時のこと。そこに命名者がやってきてディレクターに真面目にこう言った。「しかしホーナーの気持ちもわかりますよ。ホーナーは……」。ホーナーはシリアスな場面で自分がホーナーと呼ばれていることにさらに恐縮した。

というわけで私が絶滅寸前と仮説を立てるのは「あだ名」である。それもキムタクとかサッチーとか本来の名前の変形バージョンではないもの、何かいわくがあって付けられたもの（そのいわくは忘れられても）である。故・藤田敏八監督は「パキさん」というあだ名で呼ばれていたが、これがパキスタンの王子のようなルックスから来ている、といういわくは世間的には忘れられている。ダーク・ダックスは「ゾウさん」「ゲタさん」「マンガさん」「パクさん」である。しかし私は四人の名前も知らない。水前寺清子の「チータ」、藤村俊二の「おヒョイ」といちいち例をあげるまでもなく昭和四〇年代のテレビ界はあだ名に満ちあふれていた。その精神が「太陽にほえろ！」の七曲署の「あだ名至上主義」に結実するが、「ゴリさん」「殿下」はまだしも「テキサス」から「マイコン」になってきて、そうなるとあだ名とは無理矢理なものというイメージが先行して、このへんからあだ名をめぐる状況が徐々に変わってきたのではないか？

そういえばプロ野球選手の名鑑にも十年位前までは「ニックネーム」という項目があった。巨人の栄村は「サッカリン」であった。このへん絶滅っぽさが色濃く漂っている。

大学時代、先輩に「くっちゃん」というあだ名の人がいて、これも本名とは何の関係もなく単に出身が北海道の倶知安だからなのであるが、それを知らない者がある時何気なく「くっちゃんの出た高校何ていうとこ？」と質問した。くっちゃんは「くっちゃん高校だよ」と答え、質問者は「くっちゃん、すげえな」と驚いたということがあったが、こういう「あだ名、ちょっといい話」も貴重な時代に入っていくのだ。

（00年4月号）

「ハンカチ王子」「ハニカミ王子」から「金髪クソ豚野郎」などは、いわゆる〝ネタ〟であって決して本人に対して呼称として使う「あだ名」ではない。バンド系の人達もメンバー名イコール本名のパターンが増えている。宮藤官九郎や阿部サダヲらのパンクバンド「グループ魂」がメンバー名を「暴動」とか「破壊」などとしているのも、「バンドの人がやってしまいそうなこと」をあえてやる〝ネタ〟であるから、この音楽活動とメンバー名の関係は今後もどうなっていくのか判らない。そしてあだ名の名人として大活躍中の有吉弘行だが、数ある名作の中で、宮崎哲哉氏のあだ名「インテリ原始人」は、さすが！と思った。

■プロ野球中継留守録派と、それを許さぬ世間

三月三十一日、プロ野球セ・リーグ開幕の日、私は担当する番組収録のため都内のスタジオにいた。二本撮りの一本目は午後六時から収録スタート、直前まで私は爆笑問題の楽屋にいて、東京ドームのテレビ中継を、巨人ファンの田中裕二と観ていた。今年上原は何勝するのかなあ、とか、右の代打・田辺がカギだとか普通の会話をしつつも私の心は同じ日の横浜・阪神戦に向かっていた。オリックスからやってきたサウスポーの星野はセ・リーグの打者にも通用するのだろうか？　と不安な開幕をむかえる阪神ファンの私。その頃自宅ではBS1でのこの中継を留守録で録画中のはずだ。今夜家に帰ってゆっくりと阪神の開幕を確認するのだ。だから田中にも「今日の阪神戦の途中経過を知っても教えてくれるな」とクギを差した。彼は私の「結果を知らずに録画した中継を観るのが好き」という癖を知っているので快く了解してくれた。そして一本目の番組収録にのぞんだ。

一本目が終了し三十分の休憩、楽屋のテレビでは上原が広島にボコボコに打たれていた。田中は不景気な表情になっており、私は開幕戦らしくていいやと面白がっていたら画面上に「他球場の途中経過」が急に出た。私はハダシで楽屋を飛びだした。それでも聞こえる音声を断つために田中も同時に「あ〜、わ〜、わ〜っ」と大声を発してくれたので、私はぎりぎりのところで途中経過を知らずにすますことができた。実は田中が息継ぎをした一瞬に「川村が」と聞こえたがこれだけなら大丈夫だ。「ローズが」でなくてよかった。そんなドタバタをくりひろげながらその日の収録はす

べて終了、私はもう一件残っていた打ち合せに向かうためスタジオのロビーで車を待っていたら、番組のスタッフ（横浜ファン）から声をかけられた。

「打たれちゃいましたねえ」

あ～あ～。内心ガックリしながらも留守録の件を告げると彼は、まだ勝敗の結果は知らないという。打たれたのも誰かとは言ってないしというので（星野に決まっているのだが）くわしいことはそれ以上きかずにその場を後にした。しかしどちらかというと私のやっている事の方がおかしなことであることは百も承知である。まだ負けたと決まったわけではないし、取りあえず打ち合せへ。

その打ち合せにやって来たディレクター氏（野球に興味なし）が開口一番こう言った。

「阪神負けちゃいましたねえ」

なぜだ!? なぜ言う!? と思ったが、人は人にとりあえず最新の、その人向きの情報を伝えるものなのだとわかった。そして留守録は試合途中でテープが終っていた。


（00年5月号）

プロ野球の結果の情報をシャットアウトして、留守録ＶＴＲを観賞することは難しいという話は、のちのちにも登場する。

■中野でラーメン王を尾行した日

ある晴れた土曜日の午後、阿佐ヶ谷に用事のある私は地下鉄東西線に乗り、終点の中野で降りた。普通ならそこからＪＲに乗り替え、ふた駅先の阿佐ヶ谷をめざすところだが、なんとなくその「普通」をよしとしない私は、中野から阿佐ヶ谷行きのバスに乗ってみることにした。天気もいいし時間もある。そういう時は電車よりバス、が私の行き方である。

中野駅北口の改札を出ると、駅前の雰囲気にいつもとは違うものを感じた。少しだけ人々のテンションが高いのだ。キオスクの店員の女の子と客のおじさんが「あれ誰だっけ?」「ほらお笑いコンビの片方だよ」と笑顔で会話をしている。遠くの方から女子高生の「石塚さーん!」という声が上がった。そう、駅前でホンジャマカの石塚英彦がロケをしていたのだった。何となく得をした気分になるものだ。放送作家になって十五年にもなるのに、街でロケを見かけるのはやっぱりちょっとうれしい。その「スレてない自分」の発見などもあり、ニコニコしながらサンプラザの脇にあるバス停に向かって歩き出すと、すれ違う人の中に、一瞬見覚えのある顔があった。今度は芸能人ではないし、また知り合いでもない。その人はラーメン七人衆のひとりだったのだ。私はラーメン本の新刊が出るととりあえず買う、というタイプのラーメン好きなのだが、私レベルの者なら誰もが知っている、ラーメンジャーナリズムの中だけの有名人というのがいるのだ。私は踵《きびす》を返してそのラーメンプロフェッサー（と呼ばれてるのだその人は）を軽く尾行してみることにした。ホンジャマカ石塚と違い、今度はこの広い中野駅前で、私しか気づいていない有名人である。別の種類の気分を高揚させながらサンモールを北上する。ラーメンプロフェッサーがプライベートでラーメン屋に入るところを見られるかも知れないのだ。彼は早稲田通りに出て左折した。そして一軒の、以前私も入ったことのある「普通の」ラーメン店の前まで来て少し困った顔をして立ち止まった。満員だったのだ。この店は売りがつけ麺である。ははーん、彼は今度何かのラーメン特集で、次なるブームはつけ麺！　と打ち出そうとしているのではないか？　プロフェッサーはまた歩き出したが尾行はここまで。

ああ面白かったと次のバス停に向かうと、早稲田通りの路上で大声を出している二人の男がいた。スポーツカーとバイクが接触事故か何かを起こし、当事者同士がつかみかからんばかりに言い合っているのだ。そしてどちらかがホントにこういうセリフを吐いた。「この野郎！　訴えてやる！」陽光きらめく中野での、なかなか見られないもの三連発だった。

（00年6月号）


このラーメンプロフェッサーの人は、とにかく歩くスピードが速かったことを憶えている。土曜の午後のサンモールはかなり人出が多いが、その間をスルスルとかわすように進むのだ。人混みの中を素早く歩くコツは、足は常に前に出すものという考えをやめ、時にななめ前に、時に真横に出すべき瞬間もあると心得ながら、歩行者たちの動線を常に意識することだ。簡単な方法としては、まわりにいる人の中で一番速く歩く人を見つけ、真後ろにつくという手もある。

■タクシーでは、私はおとなしい上客だと思うのだが……

タクシーに乗る時は運転手さんとはあまり会話をしない方である。なにかと面倒くさい、プラス、私はタクシーの中でネタを考えたり、携帯ラジオを聴いたりと、することがたくさんあるからだ。

このように車内ではなるべく静かにしていても、何げない言葉から、思いもかけない出来事にまで発展することがある。

深夜の仕事からの帰宅で乗ったタクシー、カーラジオではNHKが流れている。音楽が途中で絞られ、アナウンサー氏が今入ったニュースです、とさる有名な小説家が急死したニュースを伝えた。

「うそ！　うわー」

と珍しく私は声を出してそのニュースにリアクションしてしまった。これがきっかけとなって運転手との会話は始まってしまうだろう。その位びっくりしたからなのだが、運転手は無言のままなので、ちょっとバツの悪くなった私はさらに、「びっくりしましたねえ」とか「原因はなんでしょうねえ」と続けたところ、しばらくして運転手が「あ、すいません、携帯電話で話しているのかと思って」と返した。なるほどタクシードライバーにとって突然「うわー」などと大声を出す客は携帯電話での会話と思うものかも知れない、ということを学習した。

そしてある日。タクシーに乗車中の私は、携帯電話をかける用事を思い出した。がここで前述の学習事項を応用し、運転手に「今から携帯電話をかけます」と宣言し、用件をすませた。ややあって彼が口を開いた。

「いやあ、私今ちょっと、感動しています」

ななな何が⁉　と思ったが、それほど、走行中の客の唐突な携帯電話にはびっくりさせられることが多いという。ひと言前置きした人は私で二人目だそうだ。一人目はフジテレビの社長さんだったとも。そしてこのあと社長さんがいかに立派な人物だったかという話がえんえんと続いたのだった。私はフジテレビの番組では働いているが日枝社長とは会ったこともないので、おのれの職業の話はしないで聞いていた。

私の何げないひとことで運転手さんを一瞬恐怖のどん底に叩き落としてしまったこともあった。

やはり深夜の帰宅中、自宅に近づいたので、こう告げた。

「次の電柱をすぎたところで、ひとり降ります」

すると運転手はすごい形相で「えーっ!!」と振りかえった。方向が同じ者と同乗する時のセリフを言ってしまったのだ。何度もあやまって降りた。

あと、ラジオをイヤホンで聴きながら深夜帰宅の時、やはり運転手さんを不思議な気分にさせるひと言を言ってしまったこともある。

「次のCMをすぎたところで降ろして下さい」

「次の信号をすぎたところで降ろして下さい」と言うべきところ「次のシ……」の「シ」が頭の中で意識しているラジオの「CM」にまちがってつながってしまい、こう言ってしまったのである。


（00年7月号）

■夏は暑い方がいい、そしてエアコンは強めの方がいい

昔は、よく、扇風機をかけっぱなしにして寝ると死ぬ、と言われていた。が、今は扇風機どころかエアコンをつけっぱなしにして寝ている人は多いだろう。私もその一人である。そして一方で、エアコンの効かせすぎは健康にも、世の中の電力のためにも良くないと喧伝され、「エアコンは嫌いなんです」と言う人は、どちらかというと「利口」というイメージを持たれるようになっている。というわけで去年の夏は公的な建物の冷房を二十八度におさえなければダメ、という決まりができ

たのだ。私は夏の映画館の理不尽なくらいに強く効かせた冷房が大好きで、八〇年代のはじめに藤沢オデヲンで観た、『００７／ユア・アイズ・オンリー』などは「涼しかった」という記憶ばかりが甘美に残っている。で、去年の夏、やはり涼みたいという理由も一部に持ちながら『ホーホケキョ　となりの山田くん』を上映中の映画館に逃げるように入ったら、中はおそらく二十八度ジャストだったのだろう、ドローンとしたそのぬるい場内に相当な違和感をおぼえた。「冷え過ぎの映画館」という夏の風物詩も消えていくのかと思っていたら、今年の夏の『Ｍ：Ｉ―２』ではまた元の強烈な寒さに立ち直っていた。ことエアコンに関しては我が国の見解はいっこうに統一を見ないようだ。

というわけで現代は、自分のまわりのエアコン環境を読みまちがうとえらいことになる。ある暑い夜の翌日、つまりはエアコンがかかっている中、ああ寒い寒いなんて具合に起きたその日、自宅で仕事をし、夕方近くになり、うまいタンメンでも食べに行こうかと、地下鉄に乗り、西荻窪の老舗の中華料理屋に入った。自宅、地下鉄車内と常に冷房が効いた中に身を置いていた私の体は、言うなれば満タンのダムのようになっていた。その状態で入ったこの店はエアコンそのものが無い店だったのだ。「餃子とタンメン」と注文した後、やばいかな？　とも思ったが一度タンメンを食うと決めた頭は戻らない。先に到着した餃子は、念のためラー油を入れずにしょう油と酢だけで食べることにした。私は辛いものが好きだが、食べると頭部からどうかという位発汗する体質なのだ。そこと冷静に判断を下しながらも、あっという間に体中の汗腺がめざめていく感覚がありありだ。そこにタンメンが到着、うまい。熱くてうまい。そして三口めあたりで私のダムは決壊してしまった。あたかも顔を洗ったあとにタオルが見つからずに困りはてたような人になりながら私はタンメンと格闘していたが、下の床には水たまりも出来てくるし、これ以上まわりの客を引かせるのもなんだから店を出た。そして大急ぎで自宅に戻り水風呂に飛び込んだ。私は何をしているのだろうか。

（00年8月号）

私のヘアスタイルは、スーパーハードムースで髪を後ろになでつけるオールバックである。この髪型の場合、頭髪の一本一本は頭皮からまっすぐに立ち、二センチほどのところから一斉に後方に固められる。つまり頭皮にかいた汗は、サラサラヘアのように髪と髪の間に吸収されず、そのまま頭皮からすべり落ちてくるのだ。このため余計に顔や首が滝のようになってしまうのだ。

■東京で見逃した芝居を地方に追いかけ、ついでに旅行

映画館で観逃してしまった映画は、ビデオで観るとか再映を待つとか挽回策があるが、ライブはそうはいかない。観たいと思っていた芝居などが、まだまだ上演期間だと思っていたら終ってましたという時の脱力感は相当なものだ。しかもそれが知り合いの大勢いる劇団ならなおさらで、高橋はなぜ来なかったんだろうと思われてないだろうかと考えたり、ダメージは深いものとなる。

ずいぶん前のことになるが、松尾貴史さんのソロライブを私は見逃した。当時彼のラジオ番組の構成者であり酒呑み友達でもあったのに見逃したのであるが、その公演は東京のあと全国六ヶ所をまわるものだった。私はスケジュールのあう仙台公演に出かけたのだった。それも本人には知らせ

ずに、というところがこの挽回策のちょっといやらしいところである。仙台の会場の楽屋に本人をたずねると、まず「なんでここに？」というリアクションが返り、つづいて「わざわざねえ」みたいななごやかな空気となり、やがて両者はステージと客席にわかれ開演となる。そして夜は打ち上げに参加。仙台のうまいものを食って飲み、翌日は単身のんびり宮城県観光を楽しみ（確かこの時は『スカパラ登場』のCDを聴きながら気仙沼行きのバスに乗った）そして帰京するというスケジュールである。

今年はこの手法を二度使っている。まずは大人計画の松尾スズキさん演出の舞台『王将』。東京で観られないとわかるや否や、大阪公演の日程に照準を絞り、スケジュールを前と後ろに強引に空け、観劇付きの二泊三日大阪旅行の完璧なスケジュールを作り、夫婦で出掛けた。

そして、この夏、さらに古くからの知り合いWAHAHA本舗の本公演は、なかばわざと地方公演ねらいでのぞみ、チラシの段階で全国十二ケ所のうちのどこに行こうかという所から計画を練ったのであった。そもそもWAHAHA本舗は二年前の公演の時、仕事で一時間遅刻してしまい、追いかけて大阪公演を観に行き、その夜メンバーの皆さんと飲んだ大阪の酒がめっぽううまかったこともあり、「WAHAHAはぜひ地方で」という決まりが自分の中で出来あがっていたのだろう。

というわけで、今回は広島で観た。で思ったのはWAHAHA本舗の公演と「旅行」の相性の良さであった。東京で観る時の「仲間内のひとり」という、立場的にややローな要素を「旅行者」になることで打ち消し、一地方にやってきた狂騒的なまつりに巻きこまれた感覚が新鮮なのであった。特に今回は久本雅美さんが客席に降りてひと暴れする場面で、こいつをいじろうと思った客が高橋と知った時の、一瞬素になった目が儲けものだった。

（00年9月号）

広島でWAHAHA本舗の皆さんと入った居酒屋では、塩茹でしただけのシャコがめっぽう旨かった。

■私はいかにして亡き名画座を懐しがるのをやめ、シネコンを愛するようになったか

学生時代は年間に百本、多い時には二百本近く映画を観ていたが、仕事を持つようになりその数はどんどん減り、去年観た新作映画は十本ぐらいだった。忙しいから映画を観ないのは本当の映画ファンではないというポリシーを持っていた頃の自分に申し訳ない。

平均的な私の一日は昼から夜にかけて各テレビ局で打ち合せや収録が何本かあり、夜中に台本や原稿を書く、という一見全く隙間が無いようなスケジュールだが、夜中の書きものを始める前に無駄な時間を過ごすことが多々ある。この、ラジオでナイターを聴きながら意味なく都内を徘徊する時間があるのだから映画を観ることはできるはずだ。がしかし一般的なロードショー作品を観る場合、最終上映時間が早すぎるのだ。また先行オールナイトも並ぶのが疲れるといった消極的な理由でひと頃より行かなくなったりしているうちに、実は東京の映画興行界は大変革を始めていたのだ。

地方都市ならではのものと思っていたシネコン（シネマ・コンプレックス＝複合映画館）がどんどん都内にやってきているのだ。大企業に映画の興行は無理、という定説を覆さんばかりの建設ラッシュである。ものは試しと、八月のある日、都心で七時に仕事を終えた平日、お台場のシネコン、シネマメディアージュに向かった。フジテレビで仕事のない日に行くのはちょっと照れくさいもの

もあったが、ちょうどこの日は都内上空では厚い雷雲が拡がり派手に稲妻をとどろかせており、こんな日にあえて『パーフェクト・ストーム』を観るのもよかろうと思ったのだ。最終上映は八時十五分。そう、この時間がほしかった。しかも全席指定で、席も選べるのだ。前の方でもいいからまん中と答えチケットを買ったら、二十時以降の割り引きで千三百円だった。ここ数行、まるまる宣伝みたいになっているが、シネコンは既存のロードショー館がやれそうでやっていなかったことばかりやっている。メディアージュの建物全体に漂わせている芳香もいい。この半ば偶発的に体験した雷&『パーフェクト・ストーム』見物が、何はなくとも映画を観に行く、という昔の感覚を呼びさまし、テレビ業界が夏休み時期に入り仕事量が薄くなる九月上旬現在、もともとの趣味である都内徘徊にベストマッチなシネコンめぐり（東武練馬・市川妙典）、郊外のミニシアターめぐり（阿佐ケ谷、下高井戸）を展開中である。ワーナー・マイカル・シネマズ板橋で『スチュアート・リトル』をやっと観た時はアンケートも書いた。Qご来館のきっかけは？　には迷うことなくBの答「ワーナー・マイカル・シネマズで何か映画を見ようと思ったから」にマルをつけた。

（00年10月号）

私のシネコン初体験記である。シネマメディアージュは当時よく通った。休日の前の日はオールナイト興行なので、妻と深夜零時過ぎからの『グリーン・デスティニー』などを観て、五時まで営業しているレストランに行き、電車で帰るなんてことをよくやっていた。本書の巻末に収録の「東京映画館ガイド」にも書いているが、この時代から東京には、毎年のようにシネコンが建ち始める。それもだんだん私の住む新宿に少しずつ近づいて来る形で。

だから本文にサラッと書いている市川妙典のワーナー・マイカル・シネマズなど、今から考えるとなんでわざわざあんな遠くまで⁉　と思うが、当時としては東西線で一本のところにシネコンができたよ！　と喜んで出掛けたのである。観たのは『チャーリーズ・エンジェル』だった。

■酒の席の話題によくのぼるものナンバー・ワン　それは「酒」

劇団・大人計画の宮藤官九郎作・演出の舞台『グレープフルーツちょうだい』を観る。相当な快作であった。楽屋にあいさつに行くと、翌日は休演日なのでこのあと行きますかと言われ、行きますと即答する。そのために今日のこの日を選んでやって来たんだよお、という言葉はおさめて何名かの出演者・スタッフと飲みに行った。芝居の感想やおたがいの近況など話題が一巡すると、宮藤さんらが持参しているウコンに話題は集中した。なんでも生ウコンとおろし器をいつも携帯し、酒を飲んだあとすりおろしたウコンを飲むと全く二日酔いしないというのだ。ああウコンね、ウコンだったらと、私も負けずに自分が毎日ウコン茶でいいちこを割って飲んでいることを発表、すると同席の音楽家・伊藤ヨタロウさんも同様とのこと。マッチポンプを飲んでるようなもんですけどねとうなずきあっていると、皆の席にすりおろされたばかりのウコンがまわっていく。「これはいくら飲んでも酔っ払わないの？」「酔うけど醒めるのが早いんですよ」「じゃあ寝る前に酒ぬけちゃうの？」「そうじゃなくて寝ている間の肝臓の働きを助けるんです。とにかくメリットしかないんです」と、しまいにはウコン教の折伏《しゃくぶく》かのようなフレーズも出るほど座は盛りあがりを見せた。

というわけで我々酒呑みは酒の席で酒の話題で飲むことが好きなようである。酒を飲まない人には全く意味の無い行動だろう。

放送作家の鮫肌文珠とは、ひと頃毎週月曜日の夜に酒を呑んでいた。参加している番組の定例会議が月曜日にあったからなのだが、我々はこの会議が深夜の一時に終ろうが三時に終ろうが必ずそのあと居酒屋に行った。そして席につくと鮫肌はいつも「また週末にやってしまいました」と話題を切り出すのだ。この男は毎週土曜か日曜に誰かと痛飲あるいは暴飲（下北沢の路上で昼まで、など）し、そのドタバタのてんまつを月曜の夜、この高橋にすまなそうに告白することがレギュラーワークとなっていたわけである。その日の会議前後の雑談で土日の酒呑み話はすませていてもいいだろうという指摘もあるかも知れないが、これも酒呑み話は酒の席でこそ話すもの聞くものという、それなりのたしなみによるものだろうか。

そういえば酒の席で耳にした酒に関するちょっとしたひとことでおぼえているものも多い。

「ウィスキーのつまみにはカレーのルーがいい」

「俺にとって最高のドラッグはこいつ」（と盃を差し示す）

「ワインはたらふく飲まないとうまいかどうかがわからない」

「ビールにつまみはいらない」

なぜか皆、どこか自慢気だ。


（00年11月号）

今もいいちこをお茶で割って飲んでいる。お茶はローズヒップやメグスリノキ茶などをブレンドしたもので、妻が調合してくれる。ウコンは粒状のサプリメントを一杯目のいいちこで流し込んでいる。舞台『グレープフルーツちょうだい』はアル中の人々がアル中を克服していこうとする内容だった。この日は酒にまつわる作品を観て、酒を語り、酒を飲んだ一日だったのだ。

■誰か賛成してくれる人々はきっといるはずだという私見を発表します

中年にさしかかると騒音、雑音に対する抵抗力が弱るという話をきいたことがある。私にもそれが当てはまってきただけのことかも知れないが、人に話すと「そう言えばそうだ」と反応が幾つか返ってくる自論がある。

自論というよりもっとあやふやな印象程度のことだがズバリ言うとそれは「最近の三十歳以下の女性は生活音がうるさい」である。例えば最近某放送局で二十代後半とおぼしい女性が机で自分の筆記用具を整理している所を見かけたのだが——正確に言うと仕事中に十メートル先の方から得体の知れない音がするので思わず目をむけてしまったのだが——その彼女、要・不要のペンをよりわける際、そのどちらをも机に投げて行なっているのだ。カターン、カターンと大変にうるさい。投げずに置いた方がよりスピーディにできるのでは？　という疑問も残る。ペンに何かの怒りをぶつけている風でもない。

このように、大きな音をたててやろうといった明確な動機があるわけでなく、ただ普通にやっている一連の動きの中の音がでかくなっている。なぜ若い女性限定なのか、靴音を例にとればわかっていただけるだろう。若い男の靴音は普通である。が、若い女性の、それも何割かがよく履いているミュールとかハイヒールは、地下道や、下りの階段を歩かれるとどうかという程、カーン、カーンと音が出る。これは私と同意見の女性から話をきいたのだが、安価な製品じゃないとあんな音はしないとのこと。ちなみに厚底靴は音はしない。これは知っている。しかし厚底靴に慣れた歩き方で日本家屋の中を歩くと、ベッタンベッタンと音がする。

さて、これはいつ頃からのことなのだろうかと記憶をたどると、ひとつのエポックメイキングな事柄を思い出した。十五年前、昭和六十年のことである。某ラジオ局で中高生向けの番組に携わっていたのだが、そこにゲストでちょくちょくやって来る、デビューしたての工藤夕貴の足音がやたらにでかいのだ。それこそベタンベタンと当時はあまり出す人がいなかった音をたてるので、しまいにはリスナーに向けて「工藤夕貴ちゃんの足音プレゼント」という企画も立てたくらいだ。というこことなんで歩いてみてください、と重い録音機をかついで局内の廊下で足音を録らせてもらったものだ。彼女はハリウッドの撮影所でもあの足音で歩いているのだろうか?

というわけで原因の分析にも何にも至らなかったわけだが、一方で、知り合いの二十歳の男で「映画館は大きい音がするのでこわくて行けない」という者がいる。男女間の体感音量の問題が今後、浮上してくるかも知れない。半分マジで。

（00年12月号）

うるさいミュール女は今もいますね。騒音問題ではないが、その後旅行者でもないのに街中でキャリーバッグを使用する者（男女共に）が増え、人通りの激しい場所でトラブルが発生するようになった。

■映画『日本万国博』初公開時のコピーは「あなたも映っている?」

これだけビデオやDVDソフトが充実し、テレビも多チャンネル化してくると、映画館で観逃した映画を観ることは容易であるが昔の、「観たかった映画を名画座で追いかける」という行為が懐かしいという声もあろう。が、しかし今のような映像供給過多の時代でも、ビデオにもならなきゃ再上映もされない作品はある。昭和四十五年の大阪万博の公式記録映画、その名も『日本万国博』(総監督・谷口千吉)は、製作母体がメジャーな作品であるにもかかわらずなぜか滅多に上映されない。

私は観たい観たいと熱望しながらも、これはもう何かの権利かなんかの問題で上映はまかりならんとでもされているのかしら、と思っていたが、この晩秋に一回きりの上映が行なわれたのである。川崎市市民ミュージアム・シネマテークの特集上映「記録映画の作劇術」における十一月二十五日の上映プログラムは『日本万国博』だった。定員は二百七十名で、「(満員の際は入場をお断わりすることもあります)」などとチラシには書いてあるので、一時は前日に最寄りのビジネスホテルにでも泊まろうかとも考えたが、ひとつ冷静になって当日早めに出て地下鉄南北線から東急目黒線乗り入れの終点、武蔵小杉をめざした。

私のこの作品に対する思い入れは、大阪万博そのものに対する巨大な思い入れのうちの小さくない一部である。小学三年時に万博で強いショックを受けた私はその記憶が抜けないまま大人になり、放送作家として万博を懐かしむ企画を「タモリ倶楽部」で作ったり、『EXPO70伝説』(メディアワークス)なるアンオフィシャルガイドブックに大きく関わったりと、独自に万博追体験を続行している人間である。ためにはこの百七十五分というやたらに長い記録映画は目に焼きつけなくてはならない。

上映開始三十分前に会場に到着、すでに行列があった。がしかし十数名ほどだった。ほっと胸をなでおろすやらさびしいやらで、タバコなど喫いながらミュージアムの展示などブラブラ見つつ開場を待った。映画が始まる頃には観客は数十名。私のななめ前の男性はひざの上に当時の公式ガイドブックをのせていた。その気持ちはわかる。

さて映画は、参加諸外国のパビリオンをかなり丁寧に紹介し、お祭り広場で行なわれた、木こりチャンピオンや羊の毛刈りチャンピオンのパフォーマンスなどをとらえ、これは当時現場で感じた「甘美な退屈」そのものであった。国内館の紹介が短かかったり、レストランが観たかったとかいろいろ要望はあるが、動く雑踏ごしの太陽の塔の映像などは、三十年寝かしてこその味わいを感じたものである。フィルムの状態もやたら良かった。上映してないから。

（01年1月号）

その後この作品はＤＶＤ化され、更にすごいことに、この作品のベースになった当時の映像の十時間に及ぶアウトテイクが四枚組のＤＶＤ・ＢＯＸに収められリリースされた。ありがたいことである。

■大江戸線は散歩の達人たちを乗せて６の字に回る

地下鉄都営大江戸線が全線開通してひと月経った。早稲田に住む私にとっては、ちょっと坂を上った所の若松町に駅ができることになるので開通を心待ちにしていた。もちろん例えば南長崎に住んでいて赤羽橋に職場があるなんて人のうれしさには及ばないが、私は十年来麻布十番にある番組制作会社に週に二度は仕事に出掛ける身であり、お台場のフジテレビに行く時は浜松町からのバスを好んで利用するため、大門も通るこの大江戸線は使い勝手十分である。今回は全篇このように地名駅名が羅列されると思うので地下鉄路線図を手元に用意していただくとうれしい。もちろん最新のやつだ。半蔵門線がまだ三越前止まりのなんかじゃお話にならない。

さて昨年の十二月の、全線開通の頃はテレビよりもラジオが大江戸線情報で盛り上がっていた。「聖者が街にやって来る」の歌詞を「〽大江戸線、GO! 街に」ともじって歌ったスポットが相当量流れ、朝、昼、夕と、街頭と中継で結ぶコーナーでは、上野御徒町や両国など、東京都東部の駅前からのレポートが目立った。「下町に遊びに来て下さーい」なんていうアナウンスからもわかるように、大江戸線は「散歩の達人」「東京人」の読者層を直撃したものだ。若者の街原宿、渋谷、池袋は避けるように走っている(こちらはまた数年先に開通予定の地下鉄でまとめてフォロー)。

なんてことを開通前夜に買ったばかりの『東京地下鉄便利ガイド』(昭文社)を熟読しながら確認、ちなみにこのガイドは本当に便利だ。今、昭文社そのものがノリにノっている様子が誌面から沸き立っている。我家では私が一冊、妻が一冊所有している。沸き立っているのは我々か。といった精神状態で開通の翌日、私はごく自然にルーティーンの仕事の為、大江戸線に初めて乗った。若松河田から麻布十番に行く為だ。乗ることが目的なんてそんなヒマ人のような乗り方はしないみたいなことを言ってるが、実はこの日私は若松河田から蔵前方面、ようするにすごい遠回りをわざとしているあたり、大いに冷静さを欠いている。しかも途中の両国で降りてしまい、江戸東京博物館に入りかけてしまった。そんな理由で仕事に遅れてはいけないと正気に戻り麻布十番へと向かう。車内は立っている人がちらほら、で、よくよく見ると前述の『便利ガイド』を手にしている乗客が同じ車両に三人いたので驚いた。そしてスケジュールどおりの時間に麻布十番に到着（予め早めに自宅を出ていたのが奏功）。地上に出ると、麻布十番商店街は中年以上のカップル観光客でにぎわっていたのだった。今年の「麻布十番まつり」は大変なことになるはずだ。

（01年2月号）

当時は冷静さを欠いているので気づいてないが、大江戸線は新宿駅や六本木駅など、目茶苦茶深い所にあるので、使い方に注意している。あと、「この階段降りたらもうホームだ」と思わせておいて、実はそこは長ーい踊り場でホームはまだ先だよ、という設計の駅が時々あるが、その意図は何なのだろうか？

■よござんす、さしあげましょう！　大和田伸也さん

爆笑問題の田中が訊いてきた。「大和田伸也さんから何か連絡は来ましたか？」

俳優の大和田伸也さんのことは知っているが面識はない。もちろん連絡もないので、ことの次第をたずねてみたら以下のようなことだった。

三年前、私も構成に加わっていたテレビ東京の爆笑問題の番組「大爆笑問題」のワンコーナーに「今週のランバダ」なるものがあった。ちょっとした懐かしグッズを視聴者から募り紹介するコーナーなのだが、私の私物も数多く紹介した。大阪万博のバッジ、レーダー作戦ゲーム、そして大和

田伸也のウィスパーカード。ウィスパーカードとは七〇年代初期に売られていた、いわゆる声の出るブロマイドで、当時の人気スターのカラー写真に透明のソノシートを貼ったものだ。そこには三分ほどの「スターが君だけに喋るメッセージ」が収録されている。私は大和田伸也氏のもの以外に仲雅美氏（当時はドラマ「サボテンとマシュマロ」で大人気）、野村真樹氏（デビュー曲「一度だけなら」でレコード大賞新人賞を受賞）のウィスパーカードを持っているのだが、これらは当時に購入したものでなく、七年ほど前に開通したばかりの南北線に乗り、王子をブラブラ歩いていた時にフラッと入った古いたたずまいの文房具店でまだ売っていたものをまとめ買いしたものだ。

当然番組では、二十年近く前の大和田氏の「ささやき」を流し爆笑問題は「すげえなこれ」などとウケたわけだが、この放送を大和田氏が観ていたのだ。そして最近、大和田氏はある番組で爆笑問題と共演し、収録後、田中に、いつか君たちの番組で紹介した私のウィスパーカードを持っているのは誰ですか？　と問われたという。田中は氏に真実を告げたわけだが、どうやら氏はご自身のウィスパーカードを手に入れたいのではないかと田中は教えてくれた。

それから十日あまりが経つがまだ大和田氏からの連絡はない。その間私は、あれこれ思いをめぐらせた。二百円で買ったから二百円でお売りしようか、法外な謝礼を用意されたらどうしようとか、じゃあ謝礼は僕だけのための新録音のメッセージにしようか？　などと、二十五歳の大和田伸也氏の写真をながめながら不思議な気分を味わっていた。

いずれにせよこのカードは大和田氏の元に還るだろう。その前にもう一度聴いてみよう。

「……お元気ですか？　大和田伸也です。君の顔は見えないけど、きっとカワイイ人だろうな。……なあんて……。僕が生まれたのは昭和二十二年十月二十五日。だから星座は蠍座。君は何座かな？」

私は乙女座。そしてカワイイかどうか、自分ではちょっとわかりません。

　大和田氏サイドからの連絡はまだ無い。

（01年3月号）

■東京の阪神ファン、毎年神宮球場でカレーライスを食べる

　去年はプロ野球開幕戦のTV観戦記をここに書いた。今年も書くのならそれは来月まで待つべきなのだが、今朝の新聞に「今日のオープン戦　ヤクルト―西武　神宮13時」の文字を見つけるや矢も楯もたまらず気持ちが野球に引張られてしまった。

　思うに阪神タイガースを、そして十二球団を愛する私としてはこの季節、神宮球場でオープン戦の始まる頃が幸福度数で言うと一番ピークなのではないだろうか。確か去年の四月に書いた本欄の内容は、巨人の開幕戦を仕事先のTVで観ながら、阪神戦の情報をシャットアウトして家に帰ろうとしたがこれがなかなかできない、というものだった。毎年のように優勝争いをしているチームのファンならともかく、阪神ファンにとって開幕は、胸躍る高揚感の中に少なからず、厳しい現実が始まってしまったという諦観も含まれる。

　その点三月のこの季節に、神宮で観るオープン戦は、ネット裏にも気楽に行けるし、球場全体が生の野球を観戦できる歓びに包まれている。今度ヤクルトファンの友人に会ったら今日観た新人選手の一挙手一投足の印象を報告してあげようなんてことを考えながら福神漬取り放題のカレーライ

スを食うのだ。晴れた空の下、球場のかたわらには日本青年館の建物が見える。そう、八年前のこの季節、この幸福感をそのまま番組にしたことがあった。「タモリ倶楽部」での「ヤクルト―西武戦ただ観企画」である。日本青年館の屋上に上がると神宮の試合の様子がなんとか観られるのだ（むろん一般人はそもそも青年館の屋上には行けないのだが）。ここから双眼鏡を使って、ただ観実況中継を行なった。「守りますライオンズの外野陣、平野、安部そしてもうひとり……見えません」右翼手はスコアボードがじゃまして見えないのだ。屋上にはADが球場内で購入した件のカレーライスが運ばれ皆で食べた。タモリさんは「こういう所で食うカレーでは一番うまい」と評価した。

オープン戦の楽しみのひとつにコアな観客ウォッチングがある。入場料が安いので、子供や女子高生が目当ての選手をカメラにおさめようとはりきっているのは毎年のことだが、印象に残っているのは九六年の「ヤクルト―オリックス戦」。三塁側ベンチ近くはイチローに群がる小学生でいっぱいである。それが、一塁側ブルペンにある選手が登場するやその小学生たちは一斉に一塁側に走り出したのだ。口々に「カツノリだ！　カツノリがブルペンにいるよ！」と。

あれから五年、カツノリを追いかけていたあの少年たちはどう成長しているのだろうか。やはりすべての野球ファンにとって三月はファンタジーの許されている季節なのだ。

（01年4月号）

阪神がひたすら弱いチームだった最後のシーズンが始まる頃に書かれたものだ。「夢を見ていられるのもゴールデン・ウィークまで」と言われていた（そして本当にそうだった）のも今は昔である。野村克也率いる阪神はこの年も最下位に終り、シーズンオフには監督夫人の脱税問題なども絡み監督は辞任。ああもうこの世は終りかという阪神タイガースに誰もが驚いた星野仙一監督の就任、〇二年は開幕七連勝でスタートした。この瞬間の幸福感の急上昇感はすさまじかった。「タモリ倶楽部」では阪神が優勝している（はずの）半年後の〇二年十月という設定で阪神ファンを集めて一本作った。私も星野仙一のユニフォームを着て出演、「ＭＶＰは桧山でしょう、サヨナラホームランの数で」と私が言うとダンカンさんや堀井憲一郎さんが「そうだったそうだった」「桧山がいたな」とリアクションしてくれたのだ。結局この年は四位だったが、阪神ファンは星野監督が阪神タイガースを変え始めていることを確実に感じ取っていたので（また順位をふたつも上げているので）希望に満ちていた。以下〇三年七月号に続く。

■大物漫才コンビから依頼がきました

今回は私の現実の仕事にまつわることを書く。漫才師の大御所、オール阪神・巨人さん（というべきか師匠というべきか）から漫才台本の発注を受けているのだ。あと十日ほどで仕上げることになっている。舞台用・テレビ用のコントや、漫才風やりとりの台本はたくさん書いてきたが、正式な漫才台本は書いたことはなかった。

いきさつを説明すると、ＮＨＫの「笑いがいちばん」なる、私も構成に参加している演芸番組にオール阪神・巨人御両人が昨年末に出演、その際楽屋で巨人氏がプロデューサーに、この番組で司会の爆笑問題が毎週演じているコントは誰が書いているのか、と尋ねた。ついてはその人に次回我々（オール阪神・巨人）が当番組に出演する時の漫才を書いてほしいとリクエストした、ということなのだ。敬称がまちまちで申し訳ない。

御両人としては、たまには未知の人の台本で、といった軽い気持ちの指名だと思うがこちらは大いに心ゆさぶられるものがあった。そもそも漫才台本は「演芸作家」と呼ばれる人たちの本業である。私は「放送作家」。昔はこの両者の言葉の意味は同じようなものだったが、今や演芸界と放送界の距離が離れてしまっているので交流さえも稀薄になっているのだ。

この一件を人に話すと、「で、どんな漫才を書くの?」と訊かれる。自分でも何を書くんだろうなあとぼんやり考えつつ、オール阪神・巨人の長きにわたるキャリアの印象深い漫才をおもい出してみた。まずはなんといっても「なかなか始まらない『よせばいいのに』」である。巨人が声でイントロを口ずさみながら両手を指揮者のように振る。さあ阪神が歌い出しという時にそのイントロが勝手に演奏終了となるというギャグを発端に、やっと歌い出したところ、〽女に生まれて（プクプー!）きたけれど（プクプップー!）とけたたましく合いの手を入れるというギャグ。このへんのボケの応酬が攻守をコロコロ変えながら展開するのが特徴だ。あと阪神が「巨人くんはハト胸なんです」と胸をさわると「クルックー!」と鳴き、「怒り肩なんです」と肩に触れると「てーい!」と怒るギャグなどはサンプリングマシンの登場以前によく思いついたものである。そういえば「こんな機械が喋りだしたらどうなる?」といった漫才もあった。どうやら私もそのへんの身の回りの電化製品もので今また一本作れるのではないかという気がしてきた。携帯電話やFAX、Eメールが無かった時代の「不便」、また今が本当に「便利」なのかというまじめなベースがあれば、かなりバカバカしいことを乗せられるのではないか? 放送は五月後半の日曜日です。

（01年5月号）

オール阪神・巨人師匠は私の台本をベースにした、ご両人らしいアドリブ風のやりとりの漫才を披露して下さった。

その後、日本テレビの特番のスタッフから連絡が来た。局アナたちがアナウンス業以外の色んなものに挑戦する番組なのだが、女性アナウンサー二名がコンビ漫才にチャレンジすることになった。ついてはその台本を、というオファーである。なぜ私なのかと尋ねると、件の女性アナウンサー二名が巨人師匠にアドバイスをうかがうというVTR録りをしたところ、師匠は台本は高橋さんに頼むといい的なことをおっしゃったからなのだそうだ。ということなので、若い方のアナウンサーをボケ担当にして、アナウンス研修用の早口言葉でボケたり、年長者をちょっとコケにするネタを入れた漫才台本を書いたのだった。

■私が泣けるこの一本、エバーグリーンはこれ

『タイタニック』以来、その年の興収のトップをねらう映画はどのくらい泣けるかを宣伝でアピールするようになった。しかしそういう映画に限って、私は観たが全然泣けなかった派が現われ、各職場や学校で、目茶苦茶泣けた派とのロゲンカになるのだ。もともと「何を観ると泣けるか」は大変個人差が激しくかつ微妙なポイントである。

『ニュー・シネマ・パラダイス』が泣ける映画として世に登場した時「俺はあの映画で涙が止まらなくなったが、それは無理矢理泣かされているのであって同時に腹が立って腹が立ってしょうがなかったよ！」と怒っていた人もいた。

万人に共通のツボを刺激されるのではなく、自分だけの泣きポイントをさりげなく直撃されたい、という願望を多くの映画ファンは持っているようだ。

さて「何を観て泣いたか」。

「私は不覚にも『ベンジー』の予告篇で泣いてしまいました」という人がいた。犬が走っているのを観ていたら泣いてしまったという。この場合予告篇であったことが大きいと思う。予備知識なしで不意に飛び込んで来るのでツボのガードが甘くなるのだ。同様に私は『スーパーガール』の予告篇で泣いてしまった。あの当時はなぜか真面目な大作映画が連続公開されていたので、このスーパーマンのいとこなるヒロインがミニスカートで空を飛んでいる様子にやられてしまったのだろう。私はこういった、力の入った「バカみたいなこと」に弱いのだ。ジェリー・ゴールドスミスの音楽もバカみたいに素晴らしかった。

同様にビデオで何度観ても泣けるのが『タワーリング・インフェルノ』のオープニングタイトルである。ジョン・ウィリアムズの軽快な、矢鱈と幸福感にあふれたタイトル曲に乗って一機のヘリコプターが登場、海岸線から山を越え、やがてサンフランシスコの街が見えてくる。ヘリにはこの街に百三十八階建てのグラスタワーを建てた建築家、ポール・ニューマンが乗っていてニコニコしている。落成式に出席するのだ。やがて音楽はスーッと静かになりスクリーンには消防署の立派な建物が映し出される。私が泣くのはここである。字幕が出るのだ。「己れの身の危険もかえりみず、人命救助に励む全世界の消防官にこの映画を捧げる」。そして建物上空にヘリがフレーム・インして元の軽快な曲が再び始まるのだが、この献辞のバカみたいに直球の正しさに虚をつかれてしまうのだ。こちらはどんなすごい火事が観られるのかわくわくしながら待っているからよけいに、自分が賢者に静かにたしなめられた子供のような立場に置かれるのである。そして何よりもその意図のハリウッド的無邪気さがたまらないのだ。

（01年6月号）

『タワーリング・インフェルノ』が大好きな私は、リメイクするならこのキャスティングで、という想像をよくしている。スティーブ・マックイーンの消防士役は、ラッセル・クロウかなとも思っていたのだが、最近は老け過ぎてしまっている。

■私がこの二ケ月、街中のコンビニで探しつづけていたもの

誰も話題にしていないが、どうにも腑に落ちない出来事が進行中である。

今年の春頃、私はいつもよく行く近所のコンビニでアイスクリームの新製品を発見、購入した。ハーゲンダッツの「クリスピーキャラメルサンド」とかそういった商品名だ。うろ憶えで申しわけない。アイスクリーム全体にキャラメルクリームをコーティングし、サクサクしたゴーフルのような、古い言い方だと炭酸せんべい二枚でサンドしたもので、これが実にうまかったのである。私はアイスクリームの消費者としては平均的なランクだと思うが、その日から食べるアイスクリームといえばこの「クリスピーキャラメル」が独占するようになった。〝はまる〟というやつで、我ながら女子高生かなんかみたいなこと言ってるなあと思うが、アイス好きの大人の男ってけっこういますよ。

というわけでコンビニに寄るとアイスクリームの棚からこれを、一つ二つ摑んでカゴに入れる習

慣がついた。私のようにこれを気に入った者も町内にいるらしく品切れとなることも多くなった。そうなるとある時には三つ四つとまとめ買い、さらには遠方の店にまで出掛けたりとエスカレートしていった。

これは今年を代表するヒット商品じゃないかと思い始めた四月の中頃、テレビでCMも始まった。外国人モデルが出演した、そつのないつくりのものだったが、ハー社のこの商品に賭けるいきごみを感じとったものである。

だがこのCM、一度観たきりでその後放送されなくなってしまった。というより商品そのものが品切れ状態のままいっこうに入荷されなくなってしまった。コンビニのアイスクリームの棚にはあいかわらず「クリスピーキャラメルサンド」と、プレートはあるにもかかわらず、ずーっとそこだけヴェイカントなのだ。空なのだ。

そしてそのまま事態は現在も続いているというわけなのだが、こういうことって今まであったろうか？　「だんご3兄弟」のCDがすごい人気で生産が間に合いません！　ということとちょっと違う。『チーズはどこへ消えた？』がすごい人気でも、町の小さな書店には取り次いでくれません！　の場合とも違うだろう。

不思議がっているのは私だけだろうか？　と、ここまで書いて真相がわかった。

正しくは「クリスピーサンド（キャラメル）」というこのアイスクリームは予測を大きく上回る売れ行きにより一時的に販売を休止していたとのこと（関東地区では六月中旬に販売再開）。

何も知らなかったため、私は二ケ月間あらゆる妄想をコンビニでめぐらせてしまったのだ。

（01年7月号）

この「クリスピーサンド」は定番商品として定着したのはめでたいのだが、時にコンビニの棚を「期間限定バージョン」が独占していることがある。今はそれが「抹茶黒糖」である。私は「キャラメル」が好きなのに。

■私の寝台車利用ベストマニュアル

梅雨のはずなのに連日三十五度前後という猛暑が続いていた六月末の午後、私は汗を吹き出させながらも、気持ちは幸福感であふれんばかりの状態で上野駅をめざして歩いていた。なぜなら今から「北斗星」に乗るのである。週末のレギュラー番組が特番でお休みとなり三日間のオフが取れると判明したその週の初め、旅行代理店に駆けこんで、ギリギリでこの上野発札幌行き寝台特急のB個室が取れたのだ。

私は地方出張の仕事があると往復のどちらかは寝台特急を利用する「三十過ぎてからのブルートレイン好き」である。しかも「個室派」で、さらに「昭和の時代から走っている車両ファン」で、もひとつ「食堂車を愛する者」なのでベストトレインは「北斗星」、念願かなっての初乗車である。

五号車の一号室が私の部屋だ。ナンバーキー付きのドアを引くとすぐ階段、四段ほど上がると窓、テーブル、ベッドが機能的に配置されている。窓の反対側は広い物置きスペースとなっている。ベッドには机と薄い掛布団と木製のハンガーがあり、この「電車なのに居住空間が！」というプリミティブな驚きに毎度のことながらメロメロになりつつさっそく短パンに着替える。十六時五十分、寝台車特有の「ガッタン」という大きい揺れと共に上野駅を発車、窓の外のまだバリバリ仕事中の東京の人や街をながめながら、特権的な気持ちで缶ビールを開け、深川弁当をいやみなくらいゆっくりと食う。強めの冷房でいつの間にか汗も引いていた。

ひと心地ついたらスーツケースからＣＤの束を取り出す。今毎日聴いているクレイジーケンバンドの「肉体関係」、その他のＣＤは私が寝台特急と最もマッチすると考えるジャンル、ムードコーラスものを中心に当日近所のレコード店でサクサクと選んだものである。「鶴岡雅義と東京ロマンチカ」「殿さまキングス」「森進一」「フランク永井」「ちあきなおみ」「平山三紀」のそれぞれベスト盤である。今回はどれも大当りで、ハーフボトルの「いいちこ」をウーロン茶割りにして聴く「小樽の人よ」や「恋は紅いバラ」「港町ブルース」は夕景から夜景の北関東の街並みともピタリとマッチした。あと、グラスは少々かさばってもいつも家で飲んでいるしっかりとしたものを持ってきており、これも正解であった。まあ、正解も何もさっきから自分の選択に自分でＯＫを出しているだけなんですけどね。

やがて食堂車がディナータイム（要予約）からパブタイムに入る。ゆられながら期待以上にうまいピザとビールを飲んだ後部屋に戻ると、私は甘美な睡魔におそわれ、そのまま「早起き旅行者」になっていった。

（01年8月号）

客車式の寝台車は、このように揺れが独特なリズムなので、酒の酔いがまわりやすいのだ。

■どのガイドブックにも載っていない「旅の友」

前回、北海道旅行の道中記を書くつもりが「行き」の寝台特急B個室がいかに素晴らしかったかだけで誌面を使い果してしまった。もちろん滞在中もいろいろな所でいろいろなものを飲み食いしたが、いちいちだらだら報告するのはやめて、今回はひとつ私の「旅の楽しみ、オリジナルポイント」を紹介しよう。

その土地ならではのものを味わうのが旅の醍醐味だとすれば、ずばりそれは「ラジオ」である。今は数千円出せば、全国のラジオ局の周波数がプリセットされている携帯ラジオが手に入るので、まったく手軽な「楽しみ」である。

さて今回も私は札幌に着くなりラジオをつけてみた。男性ＤＪが（クラブのＤＪではない。こう注釈を入れる時代が来るとは）ハガキを紹介している。

「おはようございますゴローさん。私は高校を卒業してこの春から道内では誰もが知っているパン屋さんのチェーンに勤めています」おそらくリスナーで、このチェーンが何なのかわからないのは私だけだろう。そもそも「ゴローさん」がわからない。がしかし、しばらくして、確か北海道の大スターに日高晤郎という人がいたな、と気がつく。私は結局、札幌駅から支笏湖までのバスの車中、ずっとこのＳＴＶラジオ「日高晤郎ショー」を楽しんだ。愛情深き小言親父といった趣きのトークでは、札幌ドームの巨人―中日戦で、巨人の攻撃中にビール売りがしつこくビールを売っていたことを注意していた。あと球場まで札幌駅から地下鉄東豊線にずいぶん長く乗ることを指摘、「東豊《とうほう》線じゃなくて遠方《とおほう》線だ」とも。

翌日はまたバスで富良野まで行ったのだが、この車中では「松山千春　季節の旅人」を聴いた。

「千春さんの母校足寄高校弓道部が札幌西高を破って全国大会に出場することになりましたあ！」

そんなハガキを読む松山千春のＤＪぶりは、東京のテレビやラジオでの攻撃的な姿勢はなりをひそめ肩の力の抜けたものである。「最近のやつは生意気にもエアコンなんか持ってたりなんかして」といったトークにレアな北海道事情が読みとれた。事実、二年前の夏に札幌に行った時は記録的な猛暑で、エアコンなどは当然ないラーメン店の中はゆうに六十度はあったのだ。

今回、番組名を思い出すにあたり、三才ブックスの『ラジオ番組表　２００１春号』を参照しているのだが、ＳＴＶラジオの日曜の午後四時からは「歌です４時です洋二です！」という私個人的に衝撃的なタイトルの番組も発見した。

というわけでＳＴＶラジオのＰＲみたいになってしまったが、このページって局の掲示板に貼られるのだろうか。なんか夏休みの宿題みたいだ。

（01年９月号）

○八年の夏は、東北と中国地方の日本海沿いの町を訪れた。日本海の近くでラジオをつけると、とにかく半島や中国大陸からの放送がやたらと入ってくるのだ。話には聞いていたがその量とクリアさにびっくり。

■横浜ピカデリー、横浜オデヲン座につづき、ついに……

九月八日、横浜東宝会館四階の横浜スカラ座でクレイジーケンバンドのライブを観に行く。『千と千尋の神隠し』上映終了後のオールナイトコンサートである。非常に珍しい特別興行だが、そこはそれ、優れた音楽家であり、あらゆる方面での趣味の良さを自家薬籠中の物とする横山剣氏らしいアイデア、横浜のバンドの横浜の曲を横浜の映画館で堪能とは何とも粋な計らいだ。私も二十年前までは神奈川県民。中学時代はよくここで映画を観た。久しぶりに足を踏み入れた館内はまだまだ立派なものだった。ロビーで会った知合いに「僕ここで『ベンジー』とか観ましたよ」と、若干の感慨を吐露したりした。当時『ベンジー』上映中の四階スカラ座に、一階横浜東宝の『ミッドウェイ』の〈センサラウンド方式上映〉の重低音が響き、ベンジーがトコトコ走る場面にゼロ戦の爆音がしたものだった。

そして開演、オープニング曲に続く横山氏のトークで、この東宝会館が十一月に閉館することを知る。時の流れとはいえ横浜の映画ファンにはちょっとでかい喪失感だろう。私は中学時代は電車賃がもったいないので映画は地元の二番館テアトル鎌倉か藤沢みゆき座、藤沢オデヲン座で観るのが常で、どうしても封切で！　という場合は大船から根岸線でここ関内か、鎌倉から横須賀線で横浜の相鉄ムービルのいずれかに出かけた。ごくまれに『大地震』や『タワーリング・インフェルノ』など特別的な超大作は銀座や有楽町まで、となる。なぜわざわざ東京まで？　と地元の友人は納得しないことが多く、この場合は一人で、あるいは家族で出掛けるのである。一家のイベントなのだから自分の懐は痛まない。だんだん思い出して来たが横浜の映画館は友人たちと、でなければ母親と二人でという場合が多かった。なぜかというと横浜育ちの母親は「伊勢ぶら（伊勢佐木町をぶらぶら歩くこと）」が好きだからだ。東宝会館のすぐ近くのとんかつ店「勝烈庵」にも必ず寄った。にしても母親は『ジャガーノート』や『悪魔の追跡』は別に観たくなかっただろう。ちなみに前述の『ベンジー』は男子二人女子二人というメンバーである。『ベンジー』は女子のチョイスだ。

悲しき中学男である。そんなことに思いをめぐらせているとロビーに「横浜映画マップ」を発見、手にとるとすでに四館の名前がマップから黒マジックで消されていた。東京都心とちがいシネコン出現のあおりをまともに受けてしまったのだろうか。
閉館までにもう一度東宝会館に来るとしよう。そういえばここで最初に観た映画は『最後の猿の惑星』だった。では最後は『猿の惑星』(ティム・バートン版)にしよう。一度観てるけど。

(01年10月号)

この「横浜映画マップ」で黒マジックで消されている四館の中で最も大きい映画館が横浜ピカデリーだった。ここで私は『ロッキー』や『キャリー』を観た。この映画館は予告篇の前に必ず伊勢佐木町にあるグランド・キャバレーのCMフィルムを上映するのだが、その中でヌードダンサーの裸が登場するのだ。中学生の間では「必ずおっぱいが拝める映画館」として、つとに知られていた。また売店では、ここでしか見たことが無いピーナッツ入りチョコボールが売られていた。チョコレートのコーティングがものすごく薄いやつ。

■ある日突然、初めての入院、手術、点滴、腹から管……

その日は夜を徹して番組三本分の台本を書くことになっていた。テレビ局の部屋で一本目に取りかかっていた午前一時頃、脇腹が少し痛くなったので軽い食当りか何かと思いAD君に正露丸を持ってきてもらい飲む。が、痛みはおさまらないままとりあえず一本目を書き終える。二本目に取りかかり始めた三時頃から痛みは強くなるが、時々伸びをしたり横になったりしながら六時になんとか終了。もう一本はちょっと休んでからにしようと、机の上で小一時間ほど寝転がるが痛みは本格化してきたので、家のベッドでちょっと横になろうと朝七時にいったん帰宅、「ただいま、ちょっと寝る」と告げると妻は顔色を見るなり、寝るより病院行きを主張、引張られるようにタクシーでワンメーターの近所の大病院へ直行した。

救急の外来の受付で「おなかが痛いのです」と告げ、長椅子で横になっていると「腹痛の方〜」と呑気に呼ばれ最初の診察を受ける。当直の医師が私の腹を二〜三回押して、それなりのリアクションを取ると、医師の表情がみるみるシリアスなものになり、「これは入院です」と判断が下った。それが九時頃。各種検査を受ける頃から高熱と痛みが急上昇していたので「おそらく手術」と言われた時は心の中で「そうでしょう、そうでしょう」とうなずいた。九分九厘急性の虫垂炎で、腹膜炎の可能性もあると言われて、やっと私は三本目の台本は今すぐ書かなくてもいいのだと思い至ったのであった。てことはしばらく仕事休めるのだと気づき、体を支配する痛みの彼方からよろこびの光が差して来るのを感じながら、午後一時に私は手術室に運ばれていった。手術はウェルカムだが、その前の脊髄麻酔というのが実は一番の不安の種で、なんでも人にきいた話を総合するとこれが滅法痛いというではないか。体をこわばらせて待っていると背中の下の方に何かが触れた。痛くはない。きっとこれは脊髄麻酔の痛みを和らげる麻酔だろうと思っていたら、これが脊髄麻酔だった。「上手ですねえ」と不躾な感想を手術台で述べるほど上機嫌になっていた私は、高熱と笑気ガスのためか、つづく手術本番の最中も執刀中の医師同士の会話にいちいち「そうですね」とか「うわあ大変だ」などと要らぬ相づちを打つほどハイになっていた。

手術は成功。聞けばかなりやばい所まで来ていた腹膜炎とのこと。執刀医に「これは不摂生がたたったのではなく突発的に発症したものですよね」と念を押すことも忘れない。腕に点滴、腹に腹水を取る管をつなげながら売店の「小説新潮」を手にとり、太ってたな俺とつぶやいたのであった。

（01年11月号）

手術中の私は「手術では医師が女性の看護士に、ホントに『メス』って言ってること」がとにかく可笑しくてたまらなくなってしまった。コントでやってることと同じだよ、と。で、ハイになっているから医師が「メス」と言うと、患者である私も続いて同じ口調で「メス」と言っていた。繰り返し何度も。

あと、麻酔は痛みは麻痺させるが触覚は消えないのでメスで腹が切られている感覚ははっきりと判った。

■水を口にしてはいけない患者は、いかにしてのどの乾きを癒すか

今回から著者近影を替えてみた。十月九日、腹膜炎による十二日間の入院を終えた日のもので、入院した時より十キロ近く体重が減っている。それも当然の話で、手術の日から一週間は食事はもちろん、水さえも口にしなかったのだ。必要な栄養はすべて点滴からの摂取である。不思議と空腹感はそれほどでもなかったが病室のテレビで観るチョコレートのＣＭ、特にモーニング娘。のムースポッキーがやたらとうまそうに見えた。

しかしそれより困ったのがのどの乾きである。まだ微熱がある頃は特にのどが乾く。こちらは桑田佳祐がコカ・コーラの小びんをラッパ飲みするCMが一番うらやましかった。よっぽど目を盗んで水道水でも飲んでやろうかと思ったが我慢した。試しに看護婦さんに「のどが乾いてしょうがないんですが」と伝えてみると、はいはいと新しい液体を点滴台に追加してくれた。それは何かとたずねたら「水分」とのこと。チューブを通って右腕の注射針からその「水分」が入ってくるとなんとどんどんのどの乾きがいやされていくのだ。何も飲んでいないのに。水を飲みたいと思うのは「のど」が本当に「乾く」からではないのだ。

ところで私は二十歳の頃から緊急入院する前日までほぼ毎日、飲酒する生活を続けてきた者であるが、この入院で断酒ができてよかった。病室に置かれている入院の手引き書にも「飲酒は厳禁です」とある。しかしタバコだけはガマンできなかった。手引き書には「全館禁煙です。1FとB1に喫煙所がありますが、入院を機会に禁煙をおすすめします」とあった。酒飲むな、は命令だったが、喫煙に関してはアドバイス口調である。タバコは禁止されてるわけではないと判断した私は、四日目の夜、点滴台を押しながらはるか遠い喫煙室に行きキャスターを一服した。いつもはセブンスターの私はそれでもちょっとクラッとした。それから一日に二本だけタバコを喫うことにした。

森進一の「東京物語」の歌詞みたいだなあと思いながら。

それでも順調に一週間が過ぎ、腹から出ていたチューブが抜かれ、おも湯と具のないみそ汁の初めての食事が出た時は感激した。みそ汁のかつおだしの風味に食事を実感した。そして一日ごとに七分粥、五分粥、三分粥、白飯と食事が食事らしくなっていくことにいちいちうれしがりながら退院の日をむかえた。入院の連絡をする時に「多いな」と痛感した週十一本のレギュラーにも徐々に仕事復帰。元の生活に戻ったが何となく体が軽やかである。

著者近影は、リバウンドして、元の体重になってしまったらまた差し替えます。（01年12月号）

食事も水も摂らず、点滴だけで過ごしていると嗅覚が敏感になるもので、うわ、なんだこの濃厚なブドウのにおいは！　と思ったら直後に入室して来た見舞いの者がグレープ味のタブレットを口にしていた、ということもあった。

当時、点滴台を押しながら、はるばる出掛けた喫煙室はこの翌年ぐらいから無くなってしまった。どこの病院も同様のようだ。逆に言うと、〇一年までは病院内でタバコが喫えたことの方が「びっくり」かも知れない。

■つぶれた小さな本屋と理想の天玉そばの話

近所に「S書店」という小さな本屋があった。私は時々「週刊ベースボール」をここで買った。がしかし新刊本を探して買おうという時は更に少し歩いた大型の店に行くことが多かった。

やがて今から一年ほど前、「S書店」のすぐ近くにもうひとつ大型書店が建った。この一大事は「S書店」をモロに直撃したようで個人経営の「S書店」は閉店してしまった。

しばらくシャッターが降りたままの状態が続いたが、やがて建物内部の改装工事が始まった。時々外からのぞいてみると明らかに書店のそれではなかった。カフェだろうか？　それにしては床面積が小さい。そのうち店内にカウンターが設置された。奥に大きなガス台も。

こうして「S書店」は、S（おそらく誰か関係者の名前であろう）はそのままの「Sそば」となって蘇った。看板には「旨い！」といった明朝体の字も入っていた。今まで書店員だった人がそのままそば店員となっている。

店のタイプとしては「やる気のあるカウンターそば屋」といったところか。丼は客が席まで持っていくスタイル、メニュー構成は一般的な立ち食いそば屋と同じだが、そば、うどんとも生めんを使用、かき揚げは注文ごとに揚げている。つゆは「富士そば」よりもぐっと上品な薄味、値段はかき揚げそば（うどん）が四百四十円で、玉子を落すと五百円。結論から言うと、これが滅法うまい。特にうどんが。

今回は前半が「本屋がそば屋になった話」、後半が「理想の天玉そばとは？」である。

天玉そばの玉子をどうやって食べるか？　人それぞれだろうが、私の場合、まず玉子の上にそば（うどん）を掛け布団のように乗せ、余熱で少し固まった黄味をラストにつゆと共にいただく、というスタイルが自然と好きになった。がしかし今まで理想的に黄味が固まりかけたことさえ一度もない。有り得ない食べ方が一番好きなのか私は、と思っていたらこの「Sそば」のかき揚げは揚げたてなので、黄味の上にそば（うどん）、その上にかき揚げを乗せておくと、ホントにちょうどいい具合に固まっているのだ。ちなみにかき揚げは、にんじん、玉ネギ、いんげん、小エビから成るもので、出来たてのいんげんは、噛むと中から浸み出る熱汁で舌をやけどする程である。そのくらい気合いの入ったかき揚げだからこそ可能な「黄味固め」なのだ。当初は上品すぎるのではと思ったつゆもやや濃くなりベストの状態に修正された。

しかしこの「Sそば」、客足は正直イマイチである。私が思うに入り口が本屋時代と同じせまいものだからではないか？　と、かつて辞典の棚だったあたりの席で考えるのだった。ちなみに早稲田駅のすぐそばです。

「Sそば」はその後わりとすぐに閉店、今は別人の経営するヘアカットの店になっている。

（02年1月号）

■二〇〇一年度の映画を早足で振りかえると

去年は映画を七十一本観た。年明けの（二十一世紀最初の）一本は『バトル・ロワイヤル』だった。この作品が〇一年度のベストテン選考の対象になるのなら迷わず一位である。自分が中高生ならこの映画に出たかったと思うだろう。そんな感想を持った映画は初めてである。またこの作品の出演者たちがその後の東映作品に入れ替わり立ち替わり登場したことも、久々に映画会社っぽい展開でうれしかった。

以下、観たもの順に思い出していくが内容についても言及するので未見の人は要注意です。『ギャラクシー・クエスト』は、映画館で観ることができて本当に良かった。「スター・トレック」のようなドラマの主人公たちが本物のエイリアンに遭遇したら、という話を、どうかと思うほど細かくひねりを効かせた脚本と、この手のSF好きのハートを直撃する演出でみせる娯楽王道作品。冒頭、テレビサイズの画面で始まるので、どこかで効果的に横長になるのだろうとは思ったが、それが二段階で来るとは気がつかなかった。

『BROTHER』は、後半の三分の一が、まるで誰も監督してないような映画になっているのが不思議だった。

『花様年華』はしゃれた映画館でしゃれたお客さん達と観たが、洋画の私のベストワン。ウォン・カーウァイという人はいよいよすごい領域まで来ている。『バトル――』のような、欠点（嫌いな所）も作品自体に対する愛情で埋め込んでしまえるタイプの名作と違って『花様年華』は最初からパーフェクト。

『走れ！イチロー』は、こんな変な映画誰も映画館で観ないだろうと思って観たら、予想以上にガタガタの映画だった。『シベリア超特急2』よりも深刻な珍品である。イチロー出演シーンはビデオ、それも隠し撮りなのだ。ちなみに原作はあの『走れ！タカハシ』。

『日本の黒い夏［冤罪］』も『バトル――』同様、高齢映画作家による「私はこういうものを何十年と撮ってきたんだよ」という作品。真面目な映画だなあと思いながら観てたらラストの松本サリン事件の再現シーンに度胆を抜かれた。

『チェブラーシカ』は輸入した人達に拍手。外国アニメーションファンとしてはイタリアの『ネオ・ファンタジア』をぜひもう一度観たいです。

夏の大ざっぱな映画は飛ばして、『ウォーターボーイズ』には号泣。『GO』は、いやあ面白い！と観てたら一箇所「あれ?」という所があって、脚本の宮藤官九郎本人に訊いたら、そこは自分の意見が通らずそうなったとのこと。それでも賞を総なめにするのは当然の作品である。


（02年2月号）


今年の一本目は妻と『ペイネ・愛の世界旅行』を観ました。

『バトル・ロワイヤル』の深作欣二監督の息子、深作健太の監督デビュー作『バトル・ロワイヤル2』は一本調子で後半にやたら叫んでばかりの印象だったが、つづく松浦亜弥主演の『スケバン刑事　コードネーム＝麻宮サキ』、さらに鈴木亜美主演の『エクスクロス　魔境伝説』と、快作を連打し、東映印のアイドルアクション映画を復活させている。

■私がオールバックにしている二、三の理由

私の髪形は、いわゆるオールバックというもので、かれこれ十年近く変っていない。

二十代の頃は、長くも短くもない直毛で、前髪も前に垂らしただけ、という何の自己主張もない頭髪だったのだが、ひと頃外に出る仕事が減り、自宅に居ることが多くなった時に無精で髪が伸びてしまった。そして今まで着たこともなかったピタピタのTシャツや、昇り龍のアロハなどをレギュラースタイルにして、結果とても何か自己主張の強そうな人に見える格好でしばらく過ごしてたら歩道ですれちがう人が道をゆずるようになるなど変化が見られた。やがて前髪がうっとうしいので、後ろで結んだ。松浪健四郎のようなスタイルだが、これは高い背の椅子に座るとチョンマゲが邪魔になるのでやめた。次にすべての髪を後ろになでつけ、スーパーハードムースをおにぎり二個分ぐらい使って固めるという方法に出た。すると映画『ケープ・フィアー』のロバート・デ・ニーロ、あるいはひばりプロダクションの加藤和也氏のようになる。後者は顔のつくりも似ていると言われる。それも親に。

そうこうしている間に、この偽ワイルド路線が効を奏したのか、奏させようという目的すら無かったのだが仕事が増え、外に出て多くの人と接するようになると、ある日正気に戻るというか、

「なぜ私は海原雄山みたいな髪形をしているのか？」と疑問を持ち、長髪はやめ、オールバックだけは残ったというのが、この髪型の起点である。

手入れが大変でしょうと言われる時もあるが、全く逆で、前述のムースでただ後ろにやりゃ出来上がりという簡便なものだ。またたまに「やっぱりロカビリーが好きなんですか」とか「昔すげえワルだったすか」という勘違いもされるが「楽だからこうしてるだけです」とは説明せずに、うやむやに答えることにしている。

楽とはいえ、髪は定期的に切らねばならない。しかし極度の面倒臭がりの私は理髪店や美容院が苦手で、業を煮やした妻が私の髪を切るのが通例となっていた。初めのうちは悪戦苦闘していた妻も、めきめきと腕を上げ、作業もどんどん速くなり、文房具のハサミ一本で何でもできるようになった。

その長い習慣に変化がおとずれたのは去年の入院の時だった。運び込まれて四日目くらいに、この際、洗髪と同時に散髪だ、と病院内の理容室に行ったところ、「やっぱりプロはうまい」と妻も納得、しかも人が切ってくれた方が自分も楽だということに気づき、現在私は、都内某老舗《しにせ》ホテルの理容室で整髪するようになった。ここではオールバックもめずらしくないし。

（02年3月号）

この都内某老舗ホテル、赤坂のキャピトル東急ホテルも〇六年十一月に営業を（いったん）停止する。その事を知った時の深い悲しみものちほど綴っております。

■酒とバカの日々　Days of BAKA and Four Roses

家では毎日、いいちこを愛飲しているが、バーなどではもっぱらバーボンかスコッチをロックで飲んでいる。バーボンは基本的にはどこでも置いているワイルド・ターキー、あればブラントン、あるいはエンシェント・エイジといったあたりを好んでいるが、たまに「これはどんな味だったっけ」と、イレギュラーのものを注文することもある。ある日、近所のバーでメイカーズ・マークの黒を注文したのもそういった理由からで、味わってみると予想とちょっと違ってライトな感じがした。でもこれはこれでいいやと、二杯めの注文でもバーテンの人に「メイカーズ・マークを下さい、黒を」と告げた。同じものをもう一杯と言うぐらいの方がよかったかな、と思っていた所にあわててバーテンの人がやって来てこう言う。

「すいません。さきほどお出ししたものはメイカーズ・マークの赤でした。今度は黒です」

ニュアンス的には「お客様のご指摘どおり、やはりそうでした」が明らかに含まれていた。そして私は「いえいえ」とあいまいな返事と表情で「黒」を受け取り、飲んだのである。メイカーズ・マークのことなんか何も知らない男なのに、赤と黒のちがいを見抜く通人のような高い評価をいただいてしまったのだ。こりゃラッキー。きっとふだんから酒を愛《め》で、いつくしんでいるので酒の神さまがくれたささやかなごほうびなのだろう、と解釈した。そういえば人に「飲み方がきれいですね」なんて言われたこともあったりする。と言いつつも、やはり失敗する時はするもので、つい先日フジテレビの番組「感じるジャッカル」の打ち上げでフォアローゼスをいい気になって飲んでいたら、途中からの記憶を全く無くしてしまった。カラオケで沖田浩之の「E気持」を歌ったことは憶えている。これは狙い通りうけた（驚くほど声が同じなのだ）。その後二軒めのバーで、やはり構成の宮藤官九郎さんとカウンターでならんで飲み始めてから、帰りのタクシーで右折と左折をまちがえながら道を教えていた所までの九十分ほどの記憶が飛んでいる。そういえば私は五年に一度、こういう失敗をしている。五年前、ＴＢＳの番組の打ち上げでプロデューサーとキャスティングをめぐってどなり合いを演じたのち記憶をなくしたもので、この時も構成者として宮藤さんは同席していた。さらにその五年前は大人計画の打ち上げで、若い役者の人に「君はどうして芝居が下手なんだ」としつこくからんだあげく記憶を無くした。やはりここも宮藤さん同席の宴である。彼にとって私は五年に一度バカになる人で、ひょっとして本当にバカかも知れない人、ではないだろうか？　震える手で宮藤さんに電話確認。楽しそうに飲んでましたよとのこと。安心しつつも自重を誓う私であった。

（02年4月号）

やはり同席していた渡辺鐘さんにも後日、おそるおそる「俺、どうでした？」と訊くとニコッと笑いながら「なんか、ファニーなかんじになってました」と答えてくれた。

■三月の放送作家はどういうことをしているのか？

新番組の準備は楽しい。特に番組の基本的な構成も決まり、レギュラーメンバーのキャスティングも整った後の、正式タイトルや番組内の細々としたネーミングを決める作業は、私が最も活き活きとなる瞬間だ。ま、そこだけ活き活きとしてちゃいけないのだが。

思えば半年前に立ち上げたコント番組のタイトル決めの会議も盛りあがった。「ズブロッカ」というポーランドの酒の名前を入れて何かかっこいいタイトルはどうかと意見が出て我々スタッフは「おまえとズブロッカ」「ズブロッカをちょうだい」「ズブロッカの地平線」などなど思いつくまま挙げ、ADがホワイトボードに書ききれないほどの数になった頃、「ちがうか、これ」と却下された。つづいて「ジャッカル」という、サバンナに棲む狼タイプの動物の名前はどうかとなり、「闇のジャッカル」「ジャッカルの季節」「夢見るジャッカル」などなどが挙がり、結果「感じるジャッカル」で決まったのである。ちなみにこれは、小柳ルミ子が歌った「〽感じる／感じる／幸せ感じる朝」というジョアのCMからインスパイアされたものである。

この四月改編期でも幸福なことに私はいくつかの新番組に携わり、連日ネーミングを考えてばかりいた。おすぎとピーコと爆笑問題による「水10！ハッピーボーイズ」は毎回十人ほどの同じ職業の女性を迎えてハッピー、アンハッピーに纏るトークを繰り広げる番組だが、この女性たちの総称は何がいいか？「ハッピーガールズ」、まず何も考えない状態で仮りにこう呼ばれていたものを、「アーユーハッピーガールズ」はどうかと私が言い、それじゃあ、とプロデューサー氏が「アーユー？ハッピーズ」と提案、すんなりこれに決まった。また、番組の最後は四人が局の廊下を歩きながらおしゃべりしているところにエンドロールを出すことに決まり、ディレクター氏はこれを「エンドトーク」と呼んでいたが後に本人が「ハッピーエンドトーク」になおした。そしてトークのおしまいに、毎週四人が何か簡単な勝負（ジャンケンなど）をして、誰が勝ったでしょう、という視聴者プレゼントクイズを出題することにした。さあこれを何と名付けるか？

「ハッピー選手権」「ジ・エンドの扉《ドア》」「答えて当ってまた見てね」などなどが挙がり、結果「ハッピーバトル$\frac{1}{4}$」に決定、「じゃあ『ハッピーウォー』は？」という意見も出てたが、時節柄「それはひどすぎる」「ありえない」と即却下されたりした。

とまあ、三月、九月に私はこういった仕事をしているのです。

（02年5月号）

楽しいネーミング会議といえば、〇八年は「タモリのボキャブラ天国　大復活スペシャル」の、若手芸人の皆さんにどんなキャッチコピーをつけたらいいのか？　の会議が久々に楽しかった。レギュラー当時、例えば爆笑問題なら「不発の核弾頭」、海砂利水魚（現・くりぃむしちゅー）なら「邪悪なお兄さん」などでおなじみだったアレである。

このキャッチコピーは各芸人の「芸風」を「雄々しさ」と共にアピールするものだが、時になんだこれ？　というものをわざと付けたりもする。例えば髭男爵は「おもしろフランス革命」。かつては禁じ手だった、「おもしろ要素」をあえて入れてみることで、我々スタッフが馬鹿っぽい感じを出してみた。ザ・たっちは「南ちゃん不在の甲子園」、友近は「しあわせ一人芝居」、5番6番は「意外性の中軸打線」（そんな中軸は駄目である）などうまいこと付けていったのだが、インパルスのキャッチコピー作りが意外に難渋した。「サンダーボルトのなんとか」とか「なんとかの衝撃」みたいなやつを付けようとしたのだが、ここでまたふざけたくなった若いディレクターが「じゃもう『電気ビリビリ』」と案を出し、これに決定した。本番のスタジオではインパルスは「不当にひどいキャッチコピーをつけられたこと」をトークで嘆き、笑いを取っていた。

■映画ファンの秘かな悦しみ　「このスターは俺が見つけた」話

映画の楽しみのひとつに、次世代のスター探しがある。人より早く目をつけた子役なり若手が大スターになった時の自慢も含めての、パッケージ感のある楽しみである。例えば「俺はニコール・キッドマンなんて『BMXアドベンチャー』の頃から注目してたぜ！」といったものだ。

また、大スターというものは、時にある一作品にその予備軍が集合していることがある。あの『荒野の七人』（'80）だって製作当時は名の知れた俳優はユル・ブリンナーとブラッド・デクスターぐらいだったという話をきいた時から、今の「のちのちのオールスター映画」はどれだ？　と探す癖がついた。以下少々自慢すると『キャリー』（'76）を初めて観た時も、こりゃこれから売れそうな人たちばかりだと興奮した。が、一番バカの役で出番も少ないジョン・トラボルタが一番ビッグになるとは思わなかった。あと『ライトスタッフ』（'83）もそうだった。しかもエド・ハリスやスコット・グレンは当時も今も同じ年齢なんじゃないかと思える活躍ぶりである。ここ何年かでは『L.A.コンフィデンシャル』（'97）『パラサイト』（'98）『X―メン』（'00）が、私の的中作品である。が、これらはまあ誰がみてもそう思うだろう。じゃあお前は今そういう映画当てられるのか⁉　という問いに応えましょう。私がこの一年以内に観た映画での「のちのちのオールスター映画ベスト5」の発表であります。

第五位『GO』

第四位『ウォーターボーイズ』

『バトル・ロワイヤル』から始まった、やけにフィルム映えする二十歳前後の俳優達がやたらに出てる映画の流れから二本。考えてみると、'60年のジョン・スタージェスや'76年のブライアン・デ・

パルマしかり、「時代のクリエーターの作品」に出演できる才能が、この映画の出演者達にあるということだ。

第三位『ミッション／非情の掟』

物凄い快作なのに日本ではちっとも話題にならなかった香港映画。上島竜兵似のラム・シューとゴージャス松野似のロイ・チョンに注目。

第二位『アザーズ』

数人しかいない出演者の中から二、三人がブレイクするだろう。長女役のアラキナ・マンと使用人役のエレーン・キャシディはオスカーの常連役者になる。

第一位『陽だまりのグラウンド』

ハイレベルなオーディションで選ばれた黒人子役たちは、今のハリウッドのブラックムーブメントに見事合致。第二のデンゼル・ワシントンどころか、第二のモーガン・フリーマンまで出るくらい永く活躍するだろう。

この位オーバーに言っといた方が当った時により大きな自慢ができるのだ。

五位から三位まではともかく、二位と一位は当っているのかどうかまだわからない。というか単に当ってないか。

（02年6月号）

■前回に引きつづき、頼まれてもいないのに大胆予想をしてみました

「マグネシウムダイエット」とか「低インシュリンダイエット」とか次々と「決定版」が打ち出されているダイエット界だが、実は私、そういった流行りのものに頼ることなく十キロ近い減量に成功しているのだ。

そもそも自分のベスト体重って何キロだったっけ？　と思い出してみると、十年前に地方の温泉で久々に体重測ってみたら六十三キロと出て、「うわ俺太っちゃった」と思った記憶があるので六十キロ前後なのだろう。しかしそこで何をするでもなくよく食べ、よく飲み、妻に「また太った」と毎年のように言われながら暮らしていた。ちなみに身長は百六十五センチである。

そして去年の夏のある日、体重計が七十四キロを示した時、「これは自分の体重ではない。ありえねえ」と、やっと気づいてコンビニで売ってるダイエットサプリメントを常に携帯するようになった。

それが今は六十五キロ台をキープ、でももっとやせた〜い、みたいな女性ダイエッターのような気分でいるのだ。

なぜやせたかについてもったいつけずに言うと去年九月の入院である。この連載でも書いたが、急性虫垂炎で同日手術、腹膜炎も起こしていたので、術後一週間の点滴生活、三週間の断酒生活、そして私の体重は六十四キロになっていた。

というわけでまったく人様におすすめすることができないダイエットだが、その後九ヶ月もの間、リバウンドしていない所を評価してもらいたい。おそらく胃が小さくなったのだろう。あとは夜食べない、動物性の脂肪をなるべく摂らないことを心掛けているぐらいである。いいちこも毎晩飲ん

でるしラーメンも食べている。とんかつは常にロースだったのをヒレにして食べる回数を十分の一ぐらいにした。自然に太りにくいものを選んで食べている生活の中で、以前よりひんぱんに好んでオーダーしているものがある。粥である。

ちょっとした中華の店ならメニューにあるし、種類も豊富、そして店によって味も具のバリエーションもなかなか豊富で、しかも「はずれ」というものが極めてまれである。都内にも粥専門店がちらほらと出店している。

この感じは八〇年代末あたりのラーメン屋に関する状況と酷似していると感じた。「ラーメン（粥）ってこんなにうまいんだ。もっと色んなラーメン（粥）を食べたいなあ」と。しかも「やせるような気がする」のおまけ付きだ。

近々、空前の粥ブームが来る。（はず）

（02年7月号）

粥専門店はあるにはあるが「ブーム」は無かった。これもハズレ。

■その昔、子供は昆虫が大好きで、さらにラジカセに夢中だった

プレステ2のゲームソフト「ぼくのなつやすみ2」は一九七五年の夏休みを想定したものらしい。今は失われた森や川や昆虫が当時はこんなに豊富に存在していました、ということなのだろうが、ネイチャー関係のもの以外の七五年物件はどのくらい取り込まれているのか？

例えばラジカセとかである。

子供が中学生に上がる時、親から買ってもらえる物の定番は七一年ぐらいまではラジオ、その後、ラジオ付きカセットテープレコーダーに取って代った。もちろん音声はモノラルで、ラジオはＡＭ・ＦＭの二バンド、中には短波放送も受信できるタイプもあった。

今回は七〇年代のラジカセブームについて書くのだが、本当に私はラジカセに夢中だったのだ。七四年に中学生になった私は九月の誕生日プレゼントとして買ってもらうことを親と約束、その年の夏休みは各メーカーのカタログを毎日ながめ、吟味していたので、この歳になってもどのメーカーがどんなラジカセを出していたのか、そのラインナップが頭から離れないのだ。

価格帯が三万円台で統一された各社のラジカセはそれぞれに売りがあった。それまでマイクは内蔵式だったが、ボタンひとつで飛び出し、ワイヤレスマイクとして使える！　音が飛ばせる！　という機能が流行した。ナショナルの「マック」は本体右側面からななめにスライドし、取り出すタイプ。日本で最初にラジカセを作ったのは我が社というアイワのものは、本体前面からドアのように飛び出した。日立の「パディスコ」は本体右上部からポップアップするもので、なんとこのマイクはワイヤレスで本体の録音再生をオペレートできるのだ。夢のような機能にクラクラきたが価格が三万九千八百円。やはりちょっと高い。

一方ソニーは、マイクを飛び出させなかった。ミキシング機能が売りの「スタジオ１７００」、ＴＶ音声が受信できるタイプ（名前失念）、コンパクトな設計ながら音質重視の「プロ１９００」などがラインナップ。私は前述の「パディスコ」と対照的な「プロ１９００」にもまた心動かされた。ヘッド部分に改良を加えた「Ｆ＆Ｆヘッド」、高音部と低音部にセパレートされた音質調整、回転ムラをおさえる、なんとかモーター、と、ソニーの技術をすべてぶちこんだような体裁である。もちろんカタログをながめるだけでなく、まめに電器店に立ち寄り、店頭で、実物の質感、ツマミ類の操作性をチェック、結果、初秋の秋葉原のナカウラで、「プロ１９００」を買ってもらった。結果は大満足。

実はこの上に「スタジオ１９８０」というタイプもあったが、友人のA君が持っていたので遠慮したのだ。しかしA君、なんとこのあと「パディスコ」も買ってもらったのだ。ラジカセはひとり一台だろ！

（02年8月号）

○八年の三月のこと。七〇～八〇年代の中古ラジカセを大量に入手し、修理した上で販売している人物がいることを知り、「タモリ倶楽部」で取り上げることにした。構成会議で「この人が取扱ってるラジカセはすごいよ、なぜかというと……」と少々熱く語っていたら、チーフディレクターから「じゃあ出れば」と言われ、「ラジカセ好き放送作家」という立場で出演することになった。ヴィンテージもののラジカセを並べた机を前に、タモリさん、ガダルカナル・タカさん、江川達也さん、カンニング竹山さん、そして中古ラジカセを販売する松井さんらと共に、横一列に並び、出演した。「スタジオ１９８０」を持ってる奴は親が金持ち、とか、ラジカセは当時の中学生にとって初めて手にする自分だけのメディアなんです、などとコメントした。自分の愛機「プロ１９００」が登場した時は、興奮のあまり大きく身を乗り出して解説してしまい、隣のカンニング竹山さんに「さっきからずーっとかぶっているんですけど」とツッこまれた。思わず竹山さんの前に立ちふさがってしまったのだ。色々と反省も残る出演だったが、この人ラジカセが好きなんだなあ、という印象は残せたと思う。

■こわれゆく放送作家〈徹夜仕事篇〉

ほぼ毎日テレビの台本を書く仕事をしているのだが時々、なに書いてんだ？　俺、といったケアレスミスを犯すことがある。そしてその度合いがその時の肉体的精神的な疲労のバロメーターにもなっているようだ。

よくやってしまうのが、早く書こうとしている時の、言葉の圧搾である。私は手書きなのだが、例えば「勘づかれる」と書こうとして「甚づ」と書き始めてしまうことがある。これは経験のある人も多いだろう。さらにあせっている時は、文頭の消滅現象が起こる。例えば「それから」と書こうとして、「れから」と書いてしまうのだがこういう人は多いのだろうか？

テレビ用の台本書きは、私の他にもまだ手書きの人が多いのだが、そういう放送作家の人は簡単に表記できる名前のタレントが好きだ。とにかく科白の数だけ台本上に出演者の名前（多くは姓）を書くのである。タモリさんの番組を長く担当しているが「タモリ」と書くのは本当に楽だ。タモリさんがもし「森繁」という名前だったら、私の右腕の蓄積疲労は相当なものになっていただろう。

爆笑問題とも長いが、太田も田中も画数が少なめで助かっている。そういえばジャニーズ少年隊がデビューした頃、三人の名前を見て、こりゃ台本書く時大変だなと思ったものだ。東山はともかく、植草、錦織はどうか。実際に当時、私も出入りする局で少年隊のラジオ番組があり、ふと台本を見たら、「ヒガシ」「カッちゃん」「ニッキ」と表記されていた。

今、私が台本に名前を書く機会が多いタレントさんで画数の多めの名前は「水道橋」「玉袋」「伊集院」などだが、ある時これも疲れがたまっていたのだろう、「伊集院」と書くべきところになぜか「伊東」と書いてしまった。「伊」まで書いた時私の脳は腕に「はやく伊で始まる名字を書け」としか命令できなくて、腕の方がその範疇の中で簡単なものを勝手に選んで書いてしまったのだろうか。伊集院さん、申し訳ない。

あと爆笑問題の二人のやりとりの台本で本来なら、

田中　○○○○○
太田　○○○○○○
田中　○○○○
と書くべき時に、疲れていると、
田中　○○○○
田中　○○○○○○
田中　○○○○
田中　○○○○
太田　○○○○○○
高橋　○○
とやってしまった時だった。自分に科白与えてどうするんだ。

と書いてしまうのだ。これでも相当だが、自分でもこりゃダメだと頭を抱えてしまったのが、

（02年9月号）

原稿は今も手書きである。台本を書いている「爆チュー問題」に〇八年にブレイクした鼠先輩がゲストにやって来た時、何度も鼠という字を書いたおかげで私は鼠という漢字を初めて憶えた。

■「世界最後」の商品を見つけました、の巻

我々の身の回りの家電・電子機器は日々どんどん進化しているので、何かほしいものがあっても「もうちょっと待てばもっといいものがもっと安く手に入る」と皆が信じている。私の場合八〇年代なかばからのレーザーディスクのプレイヤー購入問題が、もろにこのセオリーに合致した。まず「ほしいなあ、でも高いなあ」次に「CDも聴けるのか、でも高いなあ」そして「うわ、両面連続再生で値段も安くなった、どうしよう」という頃に巷では中古ビデオの価格破壊が起こり、VHSであらゆる映画ソフトを買い漁っているうちにレーザーディスクそのものが姿を消してしまった。そしてDVDに飛びつき、今となっては本棚いっぱいの、もう観ないであろう中古ビデオを見て溜め息をついておりますが、こういうヒマな人は少なくなかろう。

そしてまた我々は、本当にほしいものは、この先もっといいものが出るかも知れないが、今買った方がいいということも知っている。私はコンタックスT2という、高級コンパクトカメラブームのはしりになったカメラを新発売の頃に飛びついて買った。その後各メーカーから出る同類の力の入った最新型カメラが気にもなったが、手ざわり、スペック、使い心地と「やっぱりT2の方がいい！」と、そのつど判断を下しながら使い続けている。実際ベストセラー機なので、中古カメラ市

場でもちっともレアになってないが、それはそれでいいのである。

一眼レフはやはりコンタックスのSTというボディを愛用している。ツァイスのレンズをマニュアルフォーカスで一生使い続けるのだ、という決意がそこにはあったわけだが、最近になって正直なところ、ああ、小さくて軽いオートフォーカス一眼レフカメラもほしいと痛切に思うようになってきた。

そこでひらめいたのがAPSの一眼レフであった。九〇年代の中頃に登場した、35ミリフィルムよりもひと回り小さいパッケージのフィルムである。おそらく使い捨てカメラをさらに小さくする為、そしてフィルム交換を簡単にする為の導入なのだろうが実際はよくわからない。いまだに混乱している人は多いのではないか？

そのAPSフィルム専用の小さくて軽い一眼レフのボディが九〇年代の後半に各メーカーから出ていたはずだ。さっそく新宿の量販店に行ってみると、なんと店頭に無いのだ。一台も。販売員に訊いてみると、各メーカーともすでに現行商品ではないという。私はこの世から消えかかっているAPS一眼レフを求め、都内をめぐり銀座の並行輸入のカメラ店で、晴れてニコンのプロネアSとそのレンズ群を購入。すごく小さくて使いやすい！　そしてこれは世界最新にして世界最後なのだ。

（02年10月号）

これらの銀鉛フィルムのカメラは、〇五年にデジタルカメラを購入して以来、すべて使わなくなってしまった。

■来年のスケジュール帳をもう購入しました

毎年十月のなかば頃に来年用の手帳を購入する。人それぞれに最も使い心地の良いものがあるだろうが私の場合は「QUO　VADIS」である。ここ十年使っているタイプ「ビジネスプレステージ」が私にとってのパーフェクトだ。

この手帳のどこが良いのか？

①**手頃なサイズ**　だいたい文庫本と同じサイズで、厚さも武者小路実篤の『友情』ぐらいの薄さである。「良い薄さ」のたとえに『友情』もないが。

②**カバーのカラーバリエーションが多彩**　「QUO　VADIS」は毎年毎年、何色かの手帳を出すのだ。我々ユーザーはその中から「来年はこの色だ」と選んで購入する。色のバリエーションだけでなく表面の仕上げも年によってマチマチでツヤなし蛍光色の時もあればヘビ皮風の時もある。このシステムは年が経つほどにその楽しさが味わえる。十年分を並べてみると、「ああこのブルーのを使ってた年は竹中直人さんの番組で忙しかった年だ」といったことが色と共によみがえる。だいたい毎日使うものだから印象に強く残る。その年はいっとき忙しさが一段落した時に思いきってコンタックスSTとレンズ二本をまとめ買いしたことが、表紙に貼ってある「CONTAX」のステッカーからもわかるのだ。九二年の表紙にはタイガースのトラのステッカー、去年のものには「A　LONG　VACATION／大滝詠一」二十周年記念のステッカーだ。

③**日曜日を他の曜日と差別化していない**　見開きが一週間、左から縦に月～日がならんでいて上から8～22の数字がある。その上は空欄。夜おそい私はこの空欄に「24時フジテレビ打合せ」とか「26時TBS台本書き」と書けばいい。他の手帳で日曜日の扱いが異常に小さいものや、連続性の

ない箇所にレイアウトされているものがあるが、日曜日が休み、と決まってない生活をする者にとってあれは使いづらい。また、一番上の日付の下にも空欄があり、人の誕生日やなんとか記念日などを書き入れるのだろうが、私は去年から、そこにその日の体重を書き入れている。

④映画観賞記録帳として重宝　手帳のはじめの方に、見開きで一年三百六十五マスが一覧できるページがあり、人は年間スケジュールなどを書くのだろうが、私は観た映画のタイトルをロットリングで書き入れることにしている。これは映画好きの人と話す時に便利。最近何観た？　と半年ぶりに会う人にきかれたらこのページを開いて渡せばよい。

ここ数年は派手めの色がつづいたが〇三年の手帳はゾウの皮膚のようなアッシュを選んだ。どんな仕事をするのだろうか？

（02年11月号）

この「QUO　VADIS」は、住所録もついているのだが、私はこれに、日刊スポーツから切り取った、スポーツ関係のスケジュールの記事などを貼って使うことも始めている。

■今、都市部で急激に増えているもの、それは……

千代田区などの一部で禁煙条例が施行され、罰金の徴収も始まった。私は喫煙者だけれど、この一連の、喫煙者の肩身がどんどんせまくなっていく流れに抵抗感がない。私だってタバコの煙が充満した会議室などは嫌いだし、列車もしばしば禁煙車輌に乗る。野外で喫煙する場所はコンビニエンスストアの入口や灰皿のある公園をよく利用するが、もし近くに赤ん坊がいたり、小動物や小鳥がいたら喫煙は中止する。あのＪＴのマナーのＣＭ、最近じゃエスカレートして誰も何もいないのに喫わなくなってしまったが、いいのだろうか？

昭和五十三年に高倉健主演の角川映画『野性の証明』が公開された時、上映館の日比谷映画劇場で、いつもは絶対いない上映中の喫煙者が目立ったと話題になったことがある。それは普段、映画は東映の直営館で観ている客が多かったためということだが、そういう「風情」も歴史の中に埋もれていくのだろう。

タバコに限らず、今の世の中は「人をイライラさせる者」と「人にイライラする者」の二極化が進んでいるのは明らかで、二十年前に発生したウォークマンのヘッドフォンの音もれ問題が、メーカー側の音のもれないハード作りにより収まりを見せたと思ったら、さらにやっかいな携帯電話という「本人には便利、人には不快グッズ」の四番打者みたいなのが出てきて、えらいことになっている。最近の地下鉄のマナーポスターで「小さな声でも不快です」という主旨のものがあるが、これなど両者の議論の途中経過そのまんまである。

二極化が進む中、「イライラさせる側」の、前にも書いた「ミュールのかかとの音」は来年はさらに大きくなるのだろう。

そして今後、両者の間で大きな争点は、ズバリ自転車である。

今までに放置自転車や駐輪場問題とか何かと言われてきたが、どうも最近都市部の歩道を走る自転車が増えてきたように思える。あれはちょっと人通りが多いと相当に迷惑なものである。最近は銀座の歩道でもよく見るが、ちょっと前まではありえない光景だった気がする。

ひょっとして今、けっこうな大多数を敵に回しているかも知れないが、同じことを感じている人もいるのではないか？

私はここ一年、車にひかれそうになったことはないが、自転車に足を踏まれたことと、歩行中にすれちがう自転車が横転してきたことがある。

来年あたり新宿や、大手町の地下道をすごいスピードで自転車で走る者が現われ、そこで初めて議論の対象になるような気がするが、どうか。

（02年12月号）


自転車への初の怒り表明である。というのも私はこのあと何度も同様の文を書いているのだ。

■私は「下北沢」を「下北」と言わない

なんでもかんでも言葉を略して言う風潮が、流行を通り越して定着してしまったようである。先日もラジオで、アナウンサーがゲストの野球選手に「たまには選手同士で『恋話《こいばな》』はしますか？」と質問していた。その昔小堺一機氏が「出ました『恋の話』略して！」「恋話～」と始めた頃は、そんなものまで略すのか！　しかもなんで唱和するのだ、とツッコミが入る所のボケ、つまりはネタっぽい行為だったわけだが件のアナウンサーはそういうつもりはなかったはずだ。「キムタク」も「ナベツネ」も、ずいぶん前から、本人はそう呼ばれることを好まないと各メディアで伝えられたにも拘わらず（あるいは、だから余計に）人々は略称で彼らを呼んでいる。

「エノケン」の昔から人気者を大衆が親しみを込めて略称で呼ぶことはあったし、「東京芝浦電気」を略した「東芝」が正式名称になるという法則性もスタンダードなものだが、八〇年代のはじめ頃に映画『ブレードランナー』を「ブレラン」と呼ぶ人々が現われたあたりから、「とにかく略す」の動きは拡まっていたように思う。それまでは『タワーリング・インフェルノ』も『ポセイドン・アドベンチャー』も略されることは無かった。ミュージシャンでも「ジミヘン」「浜省」という「エノケンタイプ」は一部で、井上陽水を「陽水」と呼ぶように「泉谷」「清志郎」「サザン」「ラッツ」と名前の一部を呼ぶというパターンが多かった。それが九〇年代に入ると、ほぼどのアーチストも「フリギ《フリッパーズ・ギター》」「オリラヴ《オリジナル・ラヴ》」「ミスチル《ミスター・チルドレン》」と、無理矢理の「エノケンタイプ」で略されることになる。その頃「タモリ倶楽部」でこの風潮を取り上げた時、進行の浅草キッドに「タモリさんはふだん『オリジナル・ラヴ』のことは何と呼んでるんですか?」と訊かれてタモリさんが「えーと『田島くん』」と答えていたのを思い出した。さらに下って略語の「定着」といえるのが「これって日テレ?」である。日本テレビが自分のことを「日テレ」と言ったよ、と思ったものだ。

略語を好んで使う人がいればその逆もいるわけで、流れ的にそれは私なのだが、『シベリア超特急』を「シベ超」と言わないし、「ブラピ」も「あけおめ」「ことよろ」も使ったことが無い。先日キオスクで何気なく「東京スポーツください」と言ってしまった時は我ながら略さないにも程があるなと思った。がしかしクレイジーケンバンドの横山剣さんもライブのMCで「次に出るコンパクトディスクでは……」と、「CD」と言わない。この人の徹底ぶりはものすごい。

(03年1月号)

「FMヨコハマ」が一時、局の名称を「ハマラジ」にしていたが、またすぐに元に戻したことがあった。なんだったのだろう? 略し方の限界点を越えていたのだろうか?

■『マイノリティ・リポート』は未来の話ではない

お笑いのライブで上演するコントを若い芸人と作っていた時のことである。ひとり滑舌の悪い芸人がいて、私は演出家として彼に、君は本番に弱いから、今日決めたセリフの中のこれとこれは上手く言えないと思う。だから気をつけるように。といった忠告をした。言われた本人は素直に「はい」と答えていたが、なんかちょっと理不尽な物言いになってたかなと思って、

「いやいや、本番で実際に失敗する前にこんな断定的に言って申し訳ないが、ホントに失敗しそうだから」

とつけ加えたら、別の芸人が「マイノリティ・リポートだ」とうまいことを言った。

S・スピルバーグ監督の映画『マイノリティ・リポート』は、未来では警察が予知能力をシステム化して、犯罪を犯すはずの人物を犯行前に逮捕できるようになっている、という話である。

本来、上演直後に演出家が演者に対して行なう「ダメ出し」を、私は本番前日に「マイノリティ・リポートダメ出し」というSF的な手法で行なったのだ。

が、ふと考えなおすと、この「まだ犯してない罪をあらかじめ罰しておく」行為はなんてことない、世の中のお母さんが子供に対して昔から行なっていることではないか。クラッカーを食べようとしている子供に「ダメよこぼしちゃ!」と、まだこぼしてないのにガミガミ言うあれである。犬を飼いたいと言えば「どうせ世話しない」と予知し、他にも「どうせ無くす」「絶対飽きる」などなどお母さんのマイノリティ・リポートぶりは日々発揮されている。お母さん以外の人でも、自分がライターをどうせ無くすとわかっているから、カバンの底の方にライターをいくつか放り込んで

いるというサラリーマンも同様の能力といえよう。

また最近こんなことがあった。初詣に訪れた日枝神社で、ここの竹林から採った「竹酢液」なるものを購入したのだが、これをバスタブに入れて入浴すると、どうかというくらい発汗作用があり、風呂上がりでもなかなか湯ざめしないのだ。竹炭独特のこうばしい香りも大いに気に入って我が家では早くも欠かせないものとなったのだが、ここでもマイノリティ・リポート的な夫婦の会話となる。そのうち大手の入浴剤メーカーから大々的に「竹酢の湯」といったものが出るだろう。そしてきっと香りはややマイルドなものになってしまうのだろう。さらに竹酢以外の別の有効成分もブレンドされたりするのだろう。あ〜あと我々は「マイノリティ・リポートぼやき」をするのだった。

ちなみに若手芸人君は本番ではやっぱりスベっていた。

(03年2月号)

「竹酢の湯」はすぐに飽きてしまい、この一年後に私が草津温泉好きになると「草津温泉ハップ」にハマるのであった。白骨温泉の偽装騒ぎでニュースでも紹介されていたものである。この「草津温泉ハップ」はかなり本格的な入浴剤で、いわゆるイオウ臭も強力だ。なので入浴後に外出したりすると、街なかで温泉臭を発していることが恥ずかしくなるから注意が必要である。エレベーターに乗ると「おならをした人」と見られてしまう率が高い。

■私、生まれて初めて見学されました

二月六日、私の放送作家としての仕事ぶりを女子中学生たちが見学することになった。

中学一年生の私の姪が、学校からの自由研究課題「知り合いの人の仕事場を見学して来るように」なるものに、私をチョイスしたのである。

私はフジテレビのOプロデューサーに頼んで、小さめの会議室をおさえてもらい、この部屋を拠点に質問タイムや見学タイムを設けることにした。

そして当日、折しも猛威をふるうインフルエンザになんと姪がかかり欠席、私は全く初対面の女子中学生四人を引きつれフジテレビに入った。局の廊下には番組のポスターや、「SMAP×SMAP　今週もぶっちぎりの23・5%!」といった、高視聴率番組を賛える貼り紙などがベタベタと貼ってあるのだが、見学者にはそれらが新鮮に映ったようだ。「あ、『ゴーゴゴー』だ」と声が上がる。彼女たちはバラエティ番組が好きなのだ。

十五階の小さな会議室では、今回ベタで立ち会っていただくOプロデューサーを含め一同が自己紹介をし、まず最初の企画として、「ポンキッキーズ21」の「爆チュー問題」最新作コントを、私が書いた台本を参照しながら観賞してもらった。途中「ここ太田くんのアドリブですね」とか「この台本約十行ぶん、オンエアでカットされました」などと解説を入れたりして、なかなかいいすべり出し。

つづいて質問タイム。「どうして放送作家になったのですか?」これは人によくきかれることなので、いつものように答えたが、「大学生の時にゴールデン街で飲んでたら、シティボーイズと仲のいい人と知り合いになって」といったくだりが今の中一に通じたかどうか。

「困るのはどういう時ですか?」アイデアが全く出ない時です。

「プロデューサーってどんなことするんですか?」これにはO氏が、キャスティングや収録スケジュールの管理、ギャラの交渉などについて明解に答えた。

つづいて局内の見学に出発、一般の見学コースではお見せしない所に行きます、という声に四人は静かに歓声の声を上げたが、二階のスタジオ入口のせまいドアからいきなり木梨憲武さんが出てきた時は私もタイミングの良さにびっくりした。そのあとは運よく彼女たちの一番人気番組「笑う犬の情熱」の生本番、報道フロア、「すぽると」のセットなどぐるぐる歩いて見学は終了。あまりの濃密さに前半のことは忘れてしまったかと思ったが、最後にひとりの子から「爆チュー問題」の生原稿をいただけますか？　と言われて、私もちょっとうれしかった。（03年3月号）

放送作家は一般的なサラリーマンと違って時間が不規則で、みたいな事も喋ったが、大抵の日は昼まで寝てる私よりサラリーマンの人の方がずっと大変だと思う。

■将来、この二〇〇三年という年は何で記憶されるのか？

手塚治虫の「鉄腕アトム」によれば、今年二〇〇三年の四月七日はアトムの誕生日である。フジテレビでは「アストロボーイ・鉄腕アトム」の放送もスタートする、ということを二月のある日、フジテレビの夕方のニュースで取り上げていた。「街頭インタビューでアトムの人気を調べてみました」というVTRも放送、その中で六歳ぐらいの男の子に「鉄腕アトムって知ってる？」と質問、いくら何でも知らないだろうと思っていたらその子は「知ってる」と答えた。さらに「鉄腕アトムのどこが好き？」という難しい問いかけにもその子は即答していた。

『なんでだろう』なところ」

と。そう、この子供は「鉄腕アトム」を「テツandトモ」と聞きまちがえていたのだ。

赤と青のジャージで「なんでだろう」と歌う芸人、テツandトモのブレイクぶりがいかにすさまじいかを思い知った。理由は二点。まずこんな小さな子供にも認知されていること、もうひとつはフジテレビがこのVTRを堂々放送したことである。ブレイクのきっかけがフジテレビのアニメのエンディングテーマ「なんでだろう〜こち亀バージョン〜」のヒット、ということもあるのだろうが、〈アトム陣営〉としては、一瞬話題を持ってかれたかっこうとなった。

実際テツandトモは二月のある日を起点に毎日毎日何かしらのテレビラジオに出演しつづけ、「なんでだろう」の、その番組バージョンを歌い踊った。

ヤクルト・スワローズのラミレスという選手はおととしにはカメラを向けられると志村けんの「アイーン」のポーズをすることで話題になった。去年は「三瓶です」であった。スポーツマスコミは今年のキャンプで「ラミレス選手の新ネタはこれ！」と、「ゲッツ！」という、ダンディ坂野なる若手芸人のネタを披露していた。何を言いたいのかというと、それだけテツandトモのブレイクはその大きさのみならず「ある日突然さ加減」がすさまじいということなのだ。あのお笑いにさといラミレスにも一月の段階では届いていなかったことになる。

このように、最近は人気者や流行が唐突に大爆発する。ボブ・サップしかり、NOVAうさぎしかり、「じわじわ」という助走が一切ない。あと綾小路きみまろも。

「今、大人気の……」で始まるものが常にいくつか存在する今、テツandトモは見る人すべてから「この人たち今後どうなるんだろう」と思われているだろうが、このままずっと、いつまでも

「今後どうなるんだろう」と思われ続ける芸人になったらすごいと思う。

（03年4月号）

「お笑いブーム」の起点が〇三年あたりと言われているが、これを読むと確かにそう感じる。
その後、今日に至るまで毎年突然誰かがブレイクするのがテレビ界の習わしとなっている。

■空前の豆知識ブームでライバルを出し抜く方法とは

前回、テツａｎｄトモ突然の大ブレイクについて触れ、その中でもう流行はじわじわ来るものではなくなったのだろうかと書いたが、ありました実は。

それは「無駄な豆知識」。というより「トリビア」と言った方が話が早いかも知れない。思わず「へぇ～」と感心してしまう一行知識を紹介する深夜番組「トリビアの泉」（フジテレビ系）の出現で、このブームはそれまでの「じわじわ」を一本の太いムーブメントにまとめ上げた形となった。番組はいったん三月で終了、七月にはゴールデンタイムで復活するという。ブームは夏以降さらに巨大化するにちがいない。

「ゴリラの血液型は、皆Ｂ型である」「カエルは異物を飲み込むと、胃袋ごと吐き出す」「王選手の通算８４６号ホームランを打ったバットは、八代亜紀が持っている（８４６《やしろ》だから）」「小便少女もいる」

と、こういった豆知識をいちいちＶＴＲで検証して見せるなど、きちんとした裏取り作業が、深夜にもかかわらずふたケタに迫る視聴率に反映したのだろう。

さっそく「タモリ倶楽部」もこのブームに便乗、下ネタ限定の「豆知識」を集めた「エロビアの泉」を作った。「タコの足の中の二本は、チンポにもなる」や「勃起のメカニズムを発見したのは、ガリレオ・ガリレイ」といったエロビアに、パネラーは「へぇ〜」ではなく「あなるほど（＝アナルほど）」とリアクションすることにした。がホントに書いててくだらないですねこれ。ある文献に「山本晋也はマリリン・モンローの陰毛を持っている」とあったので喜び勇んでご本人に確認したら、「持ってない」という御返事でガックリということもあった。

また、若手芸人と作っているライブ用のコントでもトリビアもので一本作った。うそばっかりの豆知識を連打するものなのだが、ホント風のうそというのは瞬発的な笑いに結びつきにくく、バカみたいに一発でわかるうそを、もっともらしい物腰で言うと有効であることがわかった。そしてこれらの「バカトリビア」は、来たる未曾有のトリビアブームの渦中では一歩先を行ったものになるかも知れないという予感もするが、どうか。

「人気ユニットB'zの『B'z』とは、某洗剤の商品名からつけられた」「漫画『釣りキチ三平』は、『三平はキチンと魚を釣る』という意味である」「割りばしをしょう油で三日間煮込むとメンマになる」

あくまでも「トリビア」の応酬の中でさりげなく発表するべきもので、使い方をまちがうと致命傷になる。ご注意を。

（03年5月号）

というわけで、タモリさんはゴールデンに進出する「トリビアの泉」の以前に「エロビアの泉」に出演していたのだ。ちなみに「山本晋也はマリリン・モンローの陰毛を……」については、本家「トリビア」のスタッフも我々同様に「やろうとしたがガセだった」という空振りをしていたという。山本晋也さんは「なんで最近方々からモンローの陰毛のこと訊いて来るんだ？」と思ったことだろう。

■六本木ヒルズは麻布十番から上って行く方が景色も良い

八〇年代のなかば頃から、テレビ朝日や、麻布十番にある制作会社に週の半数以上は出掛ける日常を送っているので、今話題の六本木ヒルズに関しては、建設中もずっと間近からながめていた。中央の森タワーが地上からどんどん天にのぼって築き上げられていく様子を目のあたりにするたび、「遠慮の無さ」みたいなものを感じていた。汐留にしろ渋谷のセルリアンタワーにしろ、今まではさほど活用されていない土地に建てられているが、六本木の場合は現役のテレビ局や、WAVEなど、活用中の土地建物をすべてつぶしてのリニューアルなのだ。

もしこれが自分の生まれ育った街だったりすると感情は「嫌」の方に引き寄せられるのだろうが、私にとってはよその街のド派手な出来事なので、なんかいいの？　これ、と思いつつ興味は前のめりでオープンを心待ちにしていた。私の場合興味の中心はヴァージンシネマズ六本木ヒルズである。六本木にシネコンができるらしいという噂を業界誌で読んだのはまだ二十世紀の頃だったかも知れない。その後、「ヴァージンらしい」「全館THX（最高の音響システム）らしい」「木、金、土曜日がオールナイトらしい」という情報が明らかになり、オープンの一週間前、けやき坂通りが歩行可能になるやいなや、私はなんらかのチラシを求めて、このシネコンをたずねたがまだ工事中であった。

オープンの日、私は渋谷からの直行バスに乗り込んだ。六本木経由新橋行きの路線と同じバス停から発車する為、小さな混乱も起きていた。デジカメで車内をバチバチ撮っているバス好きの人もいた。

上映時間のタイミングがちょうど良かったので、プレミアアートスクリーンでドキュメンタリーの『アルマーニ』を観た。足を組んでも前の席の背に触れない椅子の配置、予告篇の音の良さ、本篇以外はすべて素晴らしいものだった。このシネコンは合計九スクリーン、その後四スクリーンで映画を観たが、どこもハードは相当良い。スクリーンサイズはかなり大きく、ビスタサイズ（やや横長）で予告篇を上映し、シネスコサイズ（さらに横長）で本篇が始まる際、ちゃんと左右にのみスクリーンが拡がるという、まっとうな所がうれしい（最近のシネコンは、シネスコサイズを上下をせまくして作る所が多いのだ）。そして大きな声じゃ言えないが、わりとすいている所も気に入った。まだショップやレストランに人が集中しているからかも知れない。また割引きシステムの少なさも指摘されよう。でも私はわざと敷居を高くしているようなところを秘かに支持している。

（03年6月号）


今は「TOHOシネマズ六本木ヒルズ」という名称の、このシネコンは「シネ・マイレージカード」を発行していて、特典のひとつに、観賞した映画の上映分数（二時間の作品なら一二〇ポイント）ごとにマイレージが貯まるというものがあった。〇七年の暮れに〈マイレージが九〇〇〇ポイントで一ケ月間フリーパスポートと交換！〉という発表があったので、自分のポイントはいくつだろうと確認してもらったところ九〇一五ポイントだった。顔写真入りのパスポートが発行され、〇八年の一月、七本の映画を無料で観た。九〇〇〇ポイント越えを知った時は興奮したが、シネコンの一ケ月無料って、それほどすごくないってことが判った。

しかし、〇三年四月オープンのこのＴＯＨＯシネマズ六本木ヒルズの一番大きな「スクリーン７」は、今だにハードとしては日本一の映画館だと思う。

■夜十時、世の中は野球の試合結果を告げるサインにあふれている

「笑いを取りにくくなった」とダンカンさんが言った。同感である。六月で貯金（勝ち越し）が二十以上という、こんな強い阪神タイガースを見るのはほとんどの阪神ファンは初めてなので軽くひと笑いできるようなネタが簡単に思いつかないのだ。

開幕前は誰もが、ひと悶着起こすぞケケケと思っていた伊良部が、どうかと言う位、優雅で大人っぽい投球術で勝ち続けるし、他球団に申し訳ない位怪我人が少ないし、いても控えの選手がすごく打つし、また怪我の治りもはやいのだ。

よく巨人ファンの人が、一四〇勝〇敗での優勝が理想てなことを言うのを見て、単純だなあと今までは思っていたが、現在はその気持ち判るような気がする。ひとつ負けただけで不安で不安でしょうがないのだ。

そんなわけで色々な初めての経験を味わいながら日々阪神の試合をスカパーで観戦しているのだが、仕事や用事でリアルタイム観戦が不可能な日もあり（当り前だ）、そういう時は得意の試合丸

ごとＶＴＲ録りを行なう。

とある土曜日の夕方、私は妻と家具などの買いものに出かけた。妻は「野球はいいの？」と言うが、「そんな毎日毎日観てたらバカだよ」と、神宮での対ヤクルト戦の留守録をセットし、買いものに出かけた。そして十時前に帰宅、私はそのＶＴＲを持ち出し、仕事先でのんびり見ながら軽い書きものの仕事をしようとプランを立てていたので、妻にこう頼んだ。「テレビを無音にしてオンして、野球中継が終っていたらテープを止めて取り出して、すぐにテレビを消してほしい」。念の為となりの部屋で待機していたら、妻が「試合終ってた」とだけ告げテープを渡してくれた。ここまでは完璧である。以前も書いたが試合後に、結果の情報をシャットアウトすることは意外なほどむずかしい。今回などは買いものの帰りに乗ったタクシーがカーラジオをつけてなかったというラッキーもあり、うまく行くかも知れない。結果を知っている妻が「私、試合の内容に全くふれずにいて偉いでしょう」と言う。確かに偉いが試合の話題は避けよう、隠そうとしてもこちらが何かを読みとってしまうかも知れないから、と私は言い、まだ温かいテープをカバンに入れそそくさと家を出た。妻はあきれていたように思う。

さあ早くタクシーに乗ってしまおうと、大通りに出る路を足早にすすんでいたら、なんと、前方から阪神の帽子をかぶり、ハッピを着た二人の少年とその父親とすれちがってしまった。三人は無言でうなだれて歩いていた。

試合はやはり二対〇で負けていた。


（03年７月号）

この出来事のあとにも先にも近所でタイガースのハッピを来た子供は見たことがない。それはともかく、阪神タイガースはこの〇三年に優勝した。星野仙一監督は名将としてこれ以上無い程の賞讃を浴びる中、体調不良を理由に監督を辞し、シニアディレクターという、今までに聞いた事が無い肩書きで阪神タイガースに残った。阪神ファンはそれでも「残ってくれてありがとう」という気持ちだった。また、他球団のファンも野球好きの人なら「さすが星野だな」と思ったはずだ。

それが〇八年の夏、北京オリンピックで星野ジャパンがメダルを逃がした途端である。なんだろうか、あの、尊敬も人気も何もかもが一瞬にして吹き飛んでしまった出来事は。星野仙一が北京オリンピックで監督としてどうだったかを問題にしているのではなく、一人の人間の評価が100近くから突然マイナス100に落ちることってあるんだ、珍しいものを見たなあと感じたのだ。

実際のところアンチ星野は昔から球界、ファン、マスコミにも大勢いたわけで、〇三年のめでたいトラフィーバーの中では、そのような人達は声を潜めて、あるいは潜めさせられていたのも遠因のひとつだろう。そして〇六年のWBCで王ジャパンが金メダルを獲ったことで、「北京でも金でしょう」の空気に日本が包まれてしまったことも大きい。私は星野仙一を擁護しているのでは無い。ひどいこともしたのかも知れない。世の中のあれこれが〇三年あたりから、「徐々に」ではなく「突然に」上がったり下がったりするようになったと書いたが、〇八年は星野仙一氏以外でも色んなものが激変したからこれは単に「いかにも〇八年的な出来事」ってことなのだろうか。〇九年大相撲初場所初日の朝青龍を巡る状況も手の平返しの大絶賛を見せていたし。

■貸し出しのラケットを握ったら七八年の夏が蘇りました

初夏のある日、私は某番組の出演者と全スタッフ参加の一泊温泉旅行会に出掛けた。宿泊先は小田原に最近できた巨大なスパリゾート施設である。

午後二時にチェックインした我々五十名弱は、午後六時の宴会開始時間までの自由時間を各人各様のくつろぎ方で過ごした。大浴場に直行する者もいれば小人数でさっそく飲み始める者もいる。その他にこのリゾート施設には、テニスコート、体育館ジム、ボーリング場、温水プール、カラオケ、ゴルフ練習場、サウナ、となんでもあるので、アクティブに体を動かすもよし、ひたすらのんびり過ごすもよしである。

私は中学時代は水泳部、高校時代は硬式テニス部に所属し、スポーティな学校生活を送ってきたが二浪して入った大学では映画研究会という辛気臭いサークル活動に没頭、以来スポーツと無縁のまま二十余年という者である。その間に酒と深い縁を結んでいるのは言うまでもない。

そして今、リゾートにいる私は、まだ飲み始めなくてもいいか、と若いスタッフたちの後ろについて大小さまざまな温水プールやジャグジーのある施設にむかった。ちゃんと海パンもはいた。そこで陽光の下流れる温水に身をまかせてゆらゆら浮いたりしていたら、二十五メートルプール行きませんかと若いディレクターに声をかけられ、私は中学卒業以来、二十六年ぶりでレーンのあるプールに入ることになった。「俺はね、中学時代は潜水で二十五メートル泳げたんだよ」「じゃやってみて下さいよ」「よし」と、私はプールの底近くの壁を両足で蹴りスタート。ひとかきそしてふたかき、そこで猛烈に息苦しくなり、プファーと立ち上がった。「全然ダメじゃないすか」若いディレクターは七メートルうしろにいた。

プールを出ると、これまた若いADたちの卓球グループにまぎれこんでいた。卓球はドヘタだった。汗だくのまま次にとなりでやってるバドミントングループに参入、ここでは昔日のテニスの勘が奏効し、結構サマになったラケットさばきを見せていたように思う。スマッシュなども決めたし、ミスして「ちくしょう！」と感じたり、空振りして女性スタッフの目線を気にしたりと、これは高校の三年間毎日やってたことと同じだ。

大盛況のうちに宴会、二次会三次会は終了、翌日は午前十一時に現地解散となった。上りの東海道線に乗った私は通っていた高校のある茅ケ崎で下車してみた。駅前からバスに乗り、イヤホンでラジオを聴いていたら、母校の古くなった校舎が見えた時、今週の一位、二十五年ぶりに再リリースされたサザンオールスターズの「勝手にシンドバッド」が流れてきた。（03年8月号）

この番組旅行で、ひとっ風呂浴びてからの宴会スタートという時のこと、風呂上がりなので当然オールバックではない私は、人に「オールバックじゃないところを初めて見ました」なんて言われたので、その後そーっと宴会場を抜け出し速攻でハードムースでオールバックにし、目立たぬように宴会に戻って何食わぬ顔でビールを飲んでいた。「あっ！　高橋がいつの間にかオールバックに！」と気づかれた時はウケました。

■夜のヒットスタジオ世代を直撃する楽しいクイズ

歌謡曲が好きで、さらにクイズが好きな人なら誰もが夢中になる、新しいクイズを思いついた。名付けるならば「歌詞の一部当てクイズ」か？　ルールは簡単で、出題者は誰もが知っている大ヒット曲の歌詞から、ごく一部の短かいフレーズを、節をつけずに口頭で発表、解答者は曲名を当てるというものだ。

シンプルなだけに、出題にはセンスが要求される。まずクイズ参加者の年齢や音楽の好みなどを把握し、全員がもれなく知っている楽曲から出題しなければならない。さらに出題したフレーズが複数の曲に含まれているものであってはならない。例えば「まっ赤なリンゴ」というフレーズは、キャンディーズの「年下の男の子」に、そして郷ひろみ&樹木希林の「林檎殺人事件」とすぐ思いつくだけでも複数の大ヒット曲に含まれるのでNGである。あと簡単すぎるのも座が白けてしまう。例えば「ペアでそろえた」などは、大抵の人がすぐあとに「〽スニーカー」と口に出るくらい有名無比な歌い出しなので避けたいところだ。むしろその直後の「春夏秋」がふさわしい。解答者は、あれ？　冬は？　とまず疑問に思うはずだ。そして「春夏秋」と「冬」を分割することによって生まれる、焦燥感や孤独感を読みとり、あったこういうの！　あったよ！　というところにヒントとして『春夏秋と』です」と一文字足して出題しなおすと、解答者の半数は「春夏秋と駆けぬけ、離ればなれの冬が来る〜」と、正解（「スニーカーぶる〜す」）にたどりつくのだ。何をまた見てきたようなことを、と思ってらっしゃるだろうが、この出題と解答のやりとりはつい先日、歌手の渚ようこさんがママさんの店で、数人の客を相手に、私が実際に出題した時のものである。三十代から四十代のメンバーだったので昭和五十年代のヒット歌謡を中心に私はせかされるままに次々と出題したのだった。
まずは初心者むけ問題。＊正解は次ページ
「あの島へ」Ⓐ
明るく解放感がある歌だろう、そして歌いあげてるにちがいない、と考えること〇・一秒で皆が解答した。他に初心者用は、
「名前消して」Ⓑ
「逃げはいやだわ」Ⓒ
いい出題は、阿久悠、橋本淳、松本隆といった優れた職業作詞家の作品から連発された。ホントに当時の日本の宝ですね。
中級以上の問題はこちら。
「話し中」Ⓓ
「今溶けだして」Ⓔ
「半開き」Ⓕ　出題・渚ようこ
「南へ歩く」Ⓖ
そしてラスト問題は、
「誰に言う」Ⓗ
大満足で帰宅した私は、阿久悠ＣＤＢＯＸを聴き倒した。
（03年9月号）
会えばクイズを出しあう仲の爆笑問題・田中裕二にも、このクイズは大いに受けた。彼が出

題した問題フレーズは「ふいにのぞけば」である。

■夏休み旅行の報告～寝台特急より新幹線の方が速い！

今年の夏休みは東北に行くことにした。まだ「はやて」に乗ってないことに気づいたからだ。この最新の東北一速い新幹線を利用してとりあえず近場の仙台で土日の二連泊というプランを立てた。

出発三日前の水曜日に渋谷の旅行代理店に駆け込み予約したところ、土曜はＳＭＡＰのコンサートと、大規模なロックフェスが仙台で催される関係で全く空きが無いとのこと。「ドカーン」とその時、東京上空では物凄い雷鳴が轟いていたが、私は少しもあわてず代替案を思いめぐらせる。ならば仙台の手前のどこかで宿を取るまでだ。しかもこちらはズバリ温泉、日本旅館でいこう、その方針を係の人に伝えるとしばしの検索作業の後「おひとりでのプランのある旅館はむずかしいですねえ」とのこと。そう私は一人旅なのだ。そりゃそうかとあきらめかけてたら「ありました一軒、福島県〇〇温泉で」と吉報が届き、すぐさま予約手続きをすませ、ついでに行きの新幹線もスマップファンで混んでるかもと思い、福島までの座席指定券も購入。我ながらいい流れだなと思ったが、福島に止まる「はやて」は無いのであった。

三日後、予定通り旅行開始、その温泉は夜ひとりでクレイジーケンバンドの「ハワイの夜」を映

＊正解はⒶ「青い珊瑚礁／松田聖子」Ⓑ「また逢う日まで／尾崎紀世彦」Ⓒ「サウスポー／ピンクレディー」Ⓓ「悪女／中島みゆき」Ⓔ「セクシャル・バイオレット№1／桑名正博」Ⓕ「もしもピアノが弾けたなら／西田敏行」Ⓖ「雨の御堂筋／欧陽菲菲」Ⓗ「さらば涙と言おう／森田健作」　追記の正解は吉川晃司「モニカ」

画『過去のない男』ばりに聴くには最高の温泉郷であった。私の泊まった宿をはじめ、企業努力が見られるいくつかの宿泊施設は建物も立派で内容も充実、しかしいまだ建物のみが残る駅近くの元ホテル群は「廃墟の大パノラマ」となっており、その手のマニアにはたまらない絶景といえるだろう。中には全焼ののち放置という巨大物件もあった。

翌日仙台入り、チェックインをすませるやいなや牛タン専門店「太助」を直撃、そしてオープンしたての「ラーメン国技場」に寄ったり、国分町という繁華街をグルグル歩き回っているうちに日が暮れてしまった。

明くる月曜日は仙石線で石巻に直行、「石ノ森萬画館」なる一大マンガパビリオンを足早に堪能した後、「石巻日活パールシネマ」という東北ではここと山形にもう一軒しか残ってない成人映画専門館に向かう。ちょうど『村上麗奈　極上けいれん妻』が始まったばかり、早速入ってみると、館内は漆黒の闇、一歩も動けぬまましばらく目が慣れるのを待つとやっと椅子の形が見え、客の数（五人）も確認、東京の成人映画館ではもはや味わえないド級の場末感に囲まれながら本作をしばらく鑑賞した後、新幹線に間に合うよう石巻に別れを告げ、やっと「はやて」に乗車、窓際の席でうとうとしてたら車窓の目前でタイヤ工場が大炎上していた。

（03年10月号）

この年の暮れから突然温泉好きになる胎動が読み取れる。この福島県の温泉はかつて東北の熱海と呼ばれていた飯坂温泉である。良質な立ち寄り湯も存在し、ガイドブックにも紹介されているが、往時の「東北の熱海」と呼ばれていた頃の面影は薄い。今、この廃墟がどうなっているのか知らないが、リニューアルされたり更地になる前の全国の「温泉廃墟」に今後スポットが当たるかも知れない。

昼下りの洋二

■「トリビアブーム」と私・その2

今年の五月号の当コラムで私は、夏以降「無駄な豆知識ブーム」が巨大化するにちがいないと書いた。そして実際、「トリビアの泉」は三十パーセントに迫る視聴率を叩き出し、番組本はベストセラーになり、出版・放送業界は無駄知識企画であふれ返っている。

しかしその様子をながめて、予言が当った、うれしい、なんて感慨にふけっているわけではなく、私は新たな願望を抱くようになった。

投稿ネタを採用されたい。

もともと大好きな「無駄知識」で、ブームの渦中「つづいては新宿区　高橋洋二さん（42）からのトリビア」とオンエアされてみたいじゃないですか。

侍い私は放送作家という仕事を二十年やっているので何がテレビ的で採用されやすいかなんとなくわかる。記憶にある「無駄知識」の中からトリビアっぽいもの、つまりは検証ＶＴＲが面白くなりそうなものはどれか、日々考えながら暮らしていた。

そんなある日、フジテレビの廊下を歩いていたら「トリビアの泉」の放送作家とばったり会った。私はさっそく、トリビアネタがあるんだけどハガキ出した方がいいかなときいたら、じゃあ今聞きますという。その放送作家はもともと知り合いだったのでそんなことができたのだが、だからといって採用され易いということは断じて無く、得をした点といえばハガキ代が浮いたことだけである。

その発表の内容は以下のとおり。

「S・キューブリックが『2001年宇宙の旅』をつくる時に美術監督を手塚治虫にオファーして、断わられた、ってネタとかもうすでにボツになってる?」

「そういう投稿は来てません」

「あのね、当時アメリカでも放送していた『アストロボーイ』(『鉄腕アトム』)をみて感激したキューブリックがじきじきに手紙でオファーしたんだけど、手塚治虫は虫プロの社長でもあるから〈今、私は食わさなければいけない人間がたくさんいますので残念ながら……〉って断わったら〈あなたがそんな大家族をお持ちとは知りませんでした〉って返事が来たんだって」

「成程」

「もうひとつはね、水道の蛇口で、レバーを上下させて水を出したり止めたりするやつあるでしょ。あれ九五年までは下げると水が出るやつだったんだけど、その後は逆になって上げると出るやつが主流なんだよ。なんでかって言うと、九五年の阪神大震災で、落下物で水道が出っぱなしになって大変だったから」

その放送作家は、ぼくは水道の方が好きですね、と言い、私はダメだったらいいからねと言い別れた。

採用されたいなあ。

(03年11月号)


採用はされませんでしたね。

■二〇〇三年最後の大仕事はとても幸福感に満ちたものでした

以前このページで「歌詞の一部当てクイズ」について書いた時、このクイズをとても面白がってくれた人として登場した、歌手の渚ようこさんがリサイタルを開いた。宣伝チラシには〈来年歌手生活十年を迎える渚ようこの集大成〉とある。目玉コーナーとしては「阿久悠をうたう」「世界の恋人たちメドレー」。ゲストはザ・コレクターズの古市コータロー氏、そして演出は放送作家の高橋洋二が担当、とのこと。

というわけで私は初めての経験、リサイタルの構成・演出というのをやってみました。ひとりじゃ心許ないので、知り合いの音楽ライター&エディター集団「リズム&ペンシル」の松永氏、住田氏、木田氏にもお知恵を拝借し、リサイタルのパンフレットも作っていただいた。

リサイタルのタイトルをまず考えた。いくつか案を出した中、ようこさんが気に入ってくれた「マイ・ビューティィリオン2003」に決定。

大阪万博の国内パビリオンで私が特に好きだった「タカラ・ビューティィリオン」からインスパイヤされたものである。

あとはようこさんが歌いたい歌を歌うだけでリサイタルは素晴らしいものになるわけであるが、「演出家」の私はリサイタルのあい間あい間にお客さんに楽しんでいただける、楽しい出しものを用意した。

三曲めが終るとようこさんは衣裳替えに入る。ステージ後方の黒幕を開け、白いスクリーン上に「クイズコーナー」と投影したら「なんだ?」という声とともに笑いが起こり私はうれしかった。

そう、件の「歌詞の一部当てクイズ」を出題してみたのだ。「話すだろう」「あぶった」「人の群れ」「上流」「はんぱなワイン」「器量の（ヒント・器量のいい子）」「十四（ヒント・やっと十四）」「父がいる（ヒント・ウルトラの父がいる）」などを出題、正解は次ページに載せてみたが、当日のお客さん達も二十秒設けたシンキングタイム中あちこちでヒソヒソ解答してくれていた。ラスト問題「デジタル時計が」の正解「世迷い事／日吉ミミ」が次の曲となり、ここから阿久悠コーナーへと突入した。

「世界の恋人たちメドレー」では、「パリカナイユ」など各国の名曲に、その国ならではの映像を万博会場内のみの写真で構成した。

そして「ようこ！　ようこ！」「なあに？　あなた」とスクリーンに登場してコメントを下さった、長門裕之、南田洋子夫妻に感謝いたします。

ようこさんの歌声の豊かさはすさまじく、ラストの「舟唄」で満員の場内は何とも知れずしみじみと……

（04年1月号）

渚ようこさんは、〇八年十月、閉館直前の新宿コマ劇場で素晴らしいリサイタルを開き、〇九年二月、渋谷O―westのライブでは、私は再び構成・演出を担当しました。

■昨年の私の年度代表曲は、この曲に決定した

「今回の紅白歌合戦を観て、やっぱりこの曲いいなと、正月に俺が購入したシングルCDはなんで

しょうか？」

というクイズを、今年の仕事始めの控室で会った爆笑問題の田中裕二に出題したところ、

「ノーヒントですね。えーと、わかった。TOKIOの『AMBITIOUS JAPAN!』」

と見事、正解を即答した。

この曲は昨年十月にJR東海プロデュースソングとして、テレビのCMでも頻繁に流れたのでサビは多くの人の印象に残っていると思う。

〽Be ambitious《ビーアンビシャス》!

我が友よ　冒険者よ

最初に聴いた時、なんとまあ高揚感に満ちた美しい曲だろうと思ったら、作詞がなかにし礼で作曲が筒美京平だという。こりゃ買わなきゃと思っているうちにバタバタと年末をむかえ、忘れかけてた頃、文頭にあるように紅白で初めてまともに聴いたわけであるが、曲全体のクオリティの高さに改めてびっくりした。Aメロ、Bメロ、Cメロと、あれよあれよという間に、これぞプロ中のプロというフレーズとメロディがすべるようにつきすすんで行き（超特急の歌だからだ）前述のサビへと運ばれていく。

いま芸能界の王道に位置するアーティストが、歌謡曲的でありながら全く懐古色が無く今日的な楽曲を歌うなんてことは相当に久々なことと言えよう。

＊〈クイズの答〉（順に）「また逢う日まで／尾崎紀世彦」「舟歌／八代亜紀」「津軽海峡冬景色／石川さゆり」「絹の靴下／夏木マリ」「サムライ／沢田研二」「どうにもとまらない／山本リンダ」「ざんげの値打ちもない／北原ミレイ」「ウルトラマン・タロウ／武村太郎・みずうみ」

てなことを、クイズ正解者の田中とやや興奮ぎみに話し合った。田中は田中で、紅白ではこの曲の直後が自分たちの出番、しかも漫才の舞台は二階席の先端に位置するのでベストポジションで鑑賞できて最高だったそうだ。そして彼のまわりの若いマネージャーや放送作家の間でも「田中さんの言うとおり、TOKIOのあの曲は最高でした」という声が数多く上がっているという。

年明けのオリコンチャートではSMAPの「世界に一つだけの花」の返り咲き一位が話題だったが、この「AMBITIOUS――」の紅白効果も今じわじわと進行中なのではないか。簡単そうでいて、いざ歌おうとすると譜割りなどがなかなか高度なのだ。CDを買って繰り返し聴かないと憶えられない。

クイズ正解者の田中は、「このクイズに僕が即答したことを高橋さんの奥さんにも伝えて下さいね」と言う。田中と私の妻は「高橋のクイズの解答者同志」なのだ。さっそく事のてんまつを妻にクイズとして出題した。

「今日、俺が田中くんに出題して即答、大正解した問題と答はなんでしょうか?」

「あ、わかった」と、妻は問題と答を即答した。

(04年2月号)

なかにし礼氏はこの「AMBITIOUS JAPAN!」の詞を、「二十一世紀の鉄道唱歌」として書いたそうである。

■今まで草津が何県にあるのかさえいい加減だった私が

世の中は温泉ブームだという。そして奇しくも私の中でも猛烈な温泉ブームが続いている。今まで では、早起きが苦手な個人旅行者なんて温泉は受入れてくれないだろうと思い込んでいたからなのだが、今は一人でもOKの宿が多いと去年の暮れに気づき、ガイドブックや温泉研究の本を何冊か読んだら、今の温泉をめぐる状況が滅法面白く、一日一冊のペースで温泉に関する本を読みつつ、泉質が良く、歩いて気持ちのいい温泉街があり、あまり俗化していない温泉はどこかと探していたらそれは「草津」だと結論が出た。

今のこのブームの裏では、皮肉なことに「レジオネラ菌騒動」も巻き起こっており、衛生管理していない循環式の風呂に気を付けようという、宿を選別する上での新しい指針も生まれた。

草津は湯量が豊富だから循環式とは無縁の源泉かけ流しがほとんど、しかも酸性の湯だから菌など住めない、よってこの問題を楽々クリアしている。あと標高千二百メートルの高地ゆえに、他の温泉以上の効能ありと著した文献もあった。

草津に行きたくて行きたくてたまらないから旅に出た。長野新幹線でTOKIOの「AMBITIOUS JAPAN!」を聴きながら軽井沢経由で草津に到着。まず草津のシンボルと言われる「湯畑」をめざしたのだが、これが写真で目にしていたにも拘わらず肉眼で見ると息を飲むほどの素晴らしさ。五十度以上の湯がこんこんと湧き、それが七本の木樋を通り適温になり、湯滝となって流れ落ち、各旅館に運ばれていく、というまさに湯の畑なのだが、これをぐるりと取り囲む回廊の様子からして全体が何かの神殿のような祝祭性を持っているのだ。まるで大阪万博の太陽の塔のような、と思ってたら、この湯畑のデザインは岡本太郎事務所によるものだという。

私が泊まった高台にあるホテルの源泉は万代鉱という、湯畑よりも酸性がさらに強い泉質で、なるほど浴槽に入り顔に当ててみると、酸性の味がして、目にも少し刺激が残った。だが肌の当たりは柔かい。ピリピリするって聞いてたけどなと、湯からあがり、軽く体をふいて脱衣所で休んでたらとたんに体中がピリピリしてきた。およそ一分でおさまったが、温泉で湯の力をこんなにダイレクトに感じたのは初めてなので、うれしくなって、滞在中に草津のあらゆる温泉に入っていたら、肌の弱い部分がかさぶたのように湯ただれをおこした。この間血液は殺菌力を増しているという説もあり、そのためか東京に帰って来ても気分は高揚したままで、人に湯ただれを見せびらかしたりした。

（04年3月号）

何年か前、板橋区の少年が自宅を爆破し、その後逃げるようにひとり草津温泉に身を隠していた所を発見されるという事件が起きた。少年は「テレビで観た草津温泉の、湯畑の見える露天風呂のある宿を選んだ」と供述した。その情報だけで私はその宿がどこなのか特定できる程の「草津通」になっている。

■「クドカン映画」を観に行くと、毎回予告篇が次の「クドカン映画」

去年の年末から、宮藤官九郎脚本による新作映画が次々と公開されている。同じ脚本家でそれぞれ違う作風の監督作品をこんなに短期間に観るのも相当にめずらしい体験である。しかも昔からの知り合いなので、感想を直接言えるのも映画体験的には大変貴重なものだ。

年明けすぐに観たのが『アイデン＆ティティ』で、この作品は他の「クドカン映画」とはやや異なり、みうらじゅんさんの原作漫画の脚色であり、そもそもあの田口トモロヲさんがいよいよ監督第一作を撮ったぞ！　出来映えはどうなんだ⁉　とドキドキしながら観に行く、そんな映画である。結果は、田口トモロヲとてつもない名作映画を撮った‼　やはりあの原作がホントにいいし！　というもので、宮藤官九郎さんは両氏のライフワークを堅実にフォロー。がしかし細かい所にオリジナルじゃないかこれ？　と思えるシークエンスもあり、例えばカブキロックスの氏神一番が久々に楽屋でメイクしている時の、「久しぶりだから忘れちゃったよ」などは見事にハマっていた。なんでも脚本執筆段階ではキャストが決まっておらず、化粧バンドも出てくるだろうな、と考えて書いたセリフだという。このセリフに世界一ベストマッチな人が飛び込んで来たわけで、そんな点でもこの『アイデン＆ティティ』はロックからも映画からも祝福された作品である。

つづいて大ヒットロングランを記録中の『木更津キャッツアイ　日本シリーズ』（金子文紀監督）に行ったら、いまだに女子高生の客でいっぱいで、予告篇の時までうるさかった彼女たちが本篇が始まるとピタッと映画に集中している様にこの作品の凄みを感じた。理想的なGS映画という感じ。

二月に入ると田中麗奈主演『ドラッグストア・ガール』が封切られたが、観てみたら予想を越えた、世にも珍しい魅力をたたえた映画であった。他のクドカン映画と異なりこの『ドラッグ〜』は、〈ぶっとんだ脚本〉を手にした、松竹大船撮影所出身の監督（本木克英）が、さてどうやって撮ったら良いものか悩んで悩みぬきながら、脚本のとおりに、しかも大船調で撮りきってしまった労作である。この難業の末ににじみ出た美しいシーンも多く、田中麗奈はまるで鉄腕アトムのような女の子を見事に造形している。

『ゼブラーマン』は哀川翔の終始おさえた演技が作品に風格をもたらしている。三池崇史監督も軽快に演出しているが、途中から、あれ？　一番楽しんでるのは監督なんじゃないの？　とも思った。このように宮藤脚本は監督のカラーを色濃く抽出するのだ。

（04年4月号）

この当時私は宮藤官九郎さんのラジオ番組「キック・ザ・カンクロー」（TBSラジオ）の構成を担当していた。この番組の最終回の週に、FM東京でほとんど似た内容の番組「カンクロード・ヴァン・ダム」がスタートした。

■七〇年代の大作日本映画は実はそこその予算で再現できるものもあって……

TBS系のドラマ「砂の器」は、七四年の映画版とあらゆる点で比較される宿命にあり、物語上の設定も七〇年代のものを現在のものに置き換える作業、例えば主人公が他人の戸籍を取得することを可能にした二十数年前の大災害が映画では大阪大空襲だったのをドラマでは長崎の集中豪雨にする、といったものが全編にわたって施されており、観る方もそのたびに「そこはそうきたか」と得心したり、時に「それはないだろう」と首を傾げたり、でもそのうちその確認作業の方もなんだか面白くなってくるというユニークな構造も立ち上げていた。

同時期のフジテレビ系ドラマ版「白い巨塔」は、七〇年代の田宮を意識せず、あくまで原作をドラマ化いたします的なことを制作側が言っており、これは対照的である。なんといってもドラマ「砂の器」は音楽からして映画版を相当リスペクトしたつくりになっているのだ。やはり作り手も観る側も『砂の器』の初期衝動はあのエモーショナルなピアノ・コンチェルト「宿命」である。あの曲の雰囲気込みで『砂の器』なのだという解釈は実にこの七〇年代の大作日本映画が忘れられない日本人の本音といえよう。

そんな日本人を直撃するように、そのあと七〇年代の大作日本映画（ようは二本立てでなく一本立て興行だったってことだが）がドラマになった。一本はビートたけし主演の「鬼畜」（日本テレビ系）、そして稲垣吾郎主演の「犬神家の一族」（フジテレビ系）である。「鬼畜」で驚いたのはここでも音楽が映画版に相当リスペクトしていたことだ。〽テーレレー、テーレレーというもの悲しい昔の遊園地を思わせるメロディを再現、多くの『鬼畜』ファン」に『鬼畜』を観た感」を強く印象づけた。もちろん本編の作りが充実しているからこその成功で、映画版で当時主演男優賞を総なめにした緒形拳よりもドラマのビートたけしの方が更にいい演技をしていたのではないかと思う。

一方「犬神家の一族」は、七六年の市川崑版を表面的になぞっただけの印象で、さらに音楽が「適当」だったのが致命的であった。が、しかし最近は人間中継的にも進境著しい三田佳子のみがふっきれたように素晴らしく、当時の角川文庫版『犬神家の一族』の表紙に描かれている女性と全く同じヘアスタイルで、怪演を繰り広げていた。

作り手側の平均年齢層を考慮するに、この七〇年代ものはまだ作られるだろう。難しいだろうが『新幹線大爆破』と『太陽を盗んだ男』を希望します。

（04年5月号）

このあとドラマでは「西遊記」「点と線」「華麗なる一族」、映画では『座頭市』『私は貝になりたい』と、リメイクものはなぜか、ビートたけし、ＳＭＡＰに集中している。

■私はラッキーなことに十一個購入でコンプリートに成功

もう何が出てきてもそうは驚かないぞ、と思っていた「懐かしいもののミニチュア・フィギュア」だが、タカラの「青春のオールナイトニッポン」にはあっさり驚いてハマってしまった。

七〇年代の〈ラジオブーム〉を飾る人気ラジオのミニチュア六種類にそれぞれ音声ICが内蔵され、ニッポン放送「オールナイトニッポン」のかつてのジングルやテーマ曲の「ビタースウィート・サンバ」などが〈聴ける〉シロモノだ。

〈ラジオブーム〉とはまさにソフトとハードの両方の人気が過熱して発生したもので、深夜放送ブーム、そしてBCLブーム（世界で放送する日本語短波放送を聴き、各局のベリカードを集める）、それらの電波をキャッチするラジオがにわかに高性能化、多機能化し、若者の心をグッととらえるデザインで各社から量産された三年間ほどのことである。

ハードとしてのブームの起点は七二年六月に発売されたソニーの「スカイセンサー５５００」と見てよかろう。当時の新聞広告での「さわるメカニズム」というコピーからも判るように、コックピットを思わせるようなスイッチ類がズラリと並んだ縦型のルックスは革命的であった。が、しかし当機は今回のフィギュアにはラインナップされていない。というか今回はすべてナショナル製ばかりである。企画段階で喧々諤々のやりとりがあったのだろうがソニーおよび日立（パディスコ）三菱（ジーガム）らは不参加となった。

七二年からのブームは前述の「スカイセンサー」シリーズとナショナルの「クーガ」シリーズが

二大牽引車となって走り抜いて行くのだが、この「クーガ」の第一弾、RF888が出たのが翌年の三月。「吠えろクーガ」というコピーが映画『ゲッタウェイ』の字体でおなじみの男らしい墨痕で広告上を飾った。「吠えろ」というのもこの機種はでかい音、でかいスピーカーが売りだったのだ。スイッチ類は上部に固め、前面はスピーカーのみという大胆なデザイン、ソニーの「知性」に「野性」で応戦する構えを見せる。

すると同年の四月、ソニーは「スカイセンサー5800」という、グゥの音も出ない完璧なラジオを世に出した。短波だけでも三バンドという、キング・オブ・レシーバーだ。

そして十二月にナショナルは、「クーガNO7」という、潜水艦と戦車のコックピットを合せたようなデザインのラジオを発売する。コピーは「狙えクーガ」。何もかもが中学男子の好みを狙って放さない名機である。

しかし今の七〇年代懐古ブームは、ラジオ本体の再発売にまで行きかねないのではないか？

（04年6月号）

先述のとおり私はラジカセを持っていたので、文中に登場するラジオはひとつとして所有していない。なのになぜこんなに詳しいのかというと、当時はどのメーカーがどんな新しいラジオを発売するのかといった情報は、雑誌や新聞の広告、CFで日々発信され、多くの男子中学生は夢中になって追いかけていたのだ。街の電気店の店頭には巨大な「スカイセンサー」がディスプレイされていた（しかもちゃんとラジオとして聴けるのだ）。

■二十歳の彼は、ハプニングスフォーって万博っぽいですねと言った

「地図」「ダム」「コンクリート」「壁」……と「タモリ倶楽部」ではマニアックな路線をつき進んでいるが、「高層ビル」を取り上げた回で、「ビルが好きらしい」ということで出演をお願いした二枚目若手俳優、半田健人さんは、マニア慣れしているスタッフも瞠目するほどの博識ぶりで、この回を観た視聴者の多くも驚いたことだろう。

噂では本人は他にも好きなものがあるらしく、「半田くん企画」の為の打ち合せを本人と持つことになった。きけばそのジャンルとは「歌謡曲」そして最近興味を持つようになったのが「大阪万博」だという。

これは、私じゃないか。

言いなおすならば、私は映画や野球も好きだが、「映画と野球が好きな放送作家」はごまんといる、しかし「歌謡曲と万博が好きな放送作家」は高橋洋二しかいないだろう。少なくとも知り合いの間では。

というわけで私の万博仕事（雑誌と単行本）を持参して打ち合せにのぞんだ。

結論から言うと彼は「本物」であった。誰からも影響を受けず、自分の目や耳で探し当てた「グッとくるもの」の情報を徹底的に集め、ことの本質を追求するタイプと見た。

彼は昭和四十年代の歌謡曲をこよなく愛し、作詞家ではなかにし礼、千家和也、作曲家では都倉俊一、馬飼野康二、編曲家では森岡賢一郎、馬飼野俊一が好きだという。例えば千家和也では山口百恵のＬＰのＢ面が『伊豆の踊り子』をはじめとした文芸作品をモチーフにした連作になっていて、

元の小説のエッセンスを保ちつつ歌謡曲の詞として完成させている所にプロフェッショナルを感じるという。私は「へぇーっ！」なんて感心しつつ、あと千家和也には〈私の彼紹介ものシリーズ〉があるんだよね、なんてちょっとレベルの落ちた知識で応えたりした。

また、なぜ昭和四十年代なのかというと、以降は歌謡曲以外のジャンルからの人材流入により歌謡曲としての純度が低くなるからという。だから沢田研二よりも西城秀樹の方がいいと言い切るところに、八四年生まれの歌謡曲リスナーの真骨頂を見た。サブカルチャーとも無縁の、ノスタルジーにも左右されない新しい姿勢だ。

話題が万博に移り、どこが好きなの？　ときくと「デザインです」と、百点満点の答がすぐに返ってきた。現在も太陽の塔が残されている万博公園にも足を運び、鉄鋼館も残っている事に感激したという。私が、会場内には他に朽ち果てたコンクリートの階段も残っててね、というと「ああ三菱未来館の手前のとこですね」ときましたよ。

一体どんな番組になるのか⁉

（04年7月号）

その後、半田健人さんは「タモリ倶楽部」の特にマニアックな回の常連となり、私ともたまに食事やカラオケに行く仲になった。私はあくまでも好きなジャンルの事を今でも憶えているだけの人間なのだが、彼は生まれる前の出来事や作品についての造詣が深いのだ。やはり知り合いの八〇年生まれの放送作家・寺坂直毅さんも「紅白歌合戦好き」として六〇年代七〇年代の紅白も愛し、そして何でも知っている。マニアの新しい形だなあと思った次第である。

■今までは名古屋、大阪、広島だったが、ついに四国へ

私だけのささやかな贅沢〈知り合いの舞台公演を地方で観る〉を七月に決行した。WAHAHA本舗全体公演『踊るショービジネス』である。地方公演は全国十八ヶ所、その中から今回は愛媛の松山をチョイスした。去年に突然、温泉勉強家になった者としては道後温泉の存在が大きい。魚も牛も旨そうだし、そもそも愛媛県は、行ったことがない数少ない県なのだ。

久々に飽きるほど長時間電車に乗ってみたいという欲求に従って行きも帰りもJRの新幹線と予讃線を利用した。ひとりで、クレイジーケンバンドの『Brown Metallic』を聴いたり、あなごめしを食べたり、土地土地のラジオ局の周波数に合せながら広島—阪神戦を聴いたりしていたら六時間はあっという間に過ぎ、夜十時に宿についた。

ホテルは「東京第一ホテル松山」といい、なぜ東京と付くのかやや不思議だが、松山には目抜き通りに「ラフォーレ原宿」という名のファッションビルもある。が、しかし一方で松山の街は全国的なチェーン展開の飲食店があまり幅を利かせてなく、旅行者としては好きな街だ。

ホテルの近くに、おでんとラーメンの店があり、甘めのとんこつしょうゆラーメンと牛すじとほうれん草のおひたしを食べ、生ビールを飲み、東京にこういう店はないが松山ではあたり前という その落差を味わった。

明けて公演当日。開演は六時半なので、それまでは道後温泉である。共同湯としては日本で初の重要文化財である道後温泉本館は、やはり圧倒的な風格である。が、歴史的名湯と呼ばれる道後の湯に去年から県の条例により、塩素が投入されることになり、温泉ジャーナリズムではえらい騒ぎ

になっているのだ。浴室の入口にもその旨が表示されており、文言の行間からは無念さが伝わってくる。そして、もし塩素を入れなくてもすむ他の方法が見つかればただちにやめたいとも宣言されており今後に期待したい。塩素臭は東京のサウナよりはるかに薄く、というより実は入ってなかったりしてと思える程だった。

WAHAHA本舗の公演は素晴らしいもので、今までのダンスシーンのアンソロジーゆえ「ザッツ・エンタテインメント」風でもあり、また「ファンタジア」のような音楽への敬愛と、表現の力量を感じた。楽屋を訪ねると、「お、高橋」「なんで松山にしたの？」と役者の皆さんはあたたかく迎えてくれた。そして夜は、土地土地のうまい店を見つける嗅覚が天才的なメンバーの皆さんと、伊予の味覚を堪能した。

こういう旅をなぜ他の人はしないのだろう。やはり少しあつかましいからかな？　（04年8月号）

メンバーの皆さんと行った店は、魚もうまいのだが、「あ、こういう店のメンチカツって、きっとおいしいよ」という提案で注文したメンチがまた絶品だった。

■一年間でベルトを二本買い換えました

最近は久し振りに会った人から必ず「やせましたね」と言われる。毎週会うような人からも「またやせた？」と言われる。

何を隠そう私はダイエットの成功者なのだ。どんな方法で？　と訊かれるが即答できるような特別なダイエット法は用いていない。こうすると太る、ということをやってないだけである。

三年前、〇一年の九月に急性腹膜炎で三週間入院したら、七十四キロあった体重が六十五キロになったことは当時もここに書いた。そのリバウンドらしきものが来て、六十七キロになったのが翌年〇二年の四月である。この頃からダイエットを意識するようになり、手帳に体重を書き入れるようにした。まず夜十時以降は食べないとか、大好きなラーメンやとんかつは控える、といった当り前のことから始めた。すると一ヶ月で六十五キロに戻り、体重計の数字が小さくなることに喜びを感じるようになっていく。そして手帳には、その日何時頃どこで何を食べたかも記入していくと、これがなかなか面白い。自分が何によって太るのか、やせるのかが判ってくるのだ。あくまでも対象は自分だけなので他人様に当てはまるかどうかは疑問だが、いくつかの興味深い発見があった。

〈名店のとんかつは太らない〉

とんかつを控えているので、たまに食べる時は名店に限る。目黒の「とんき」、上野の「双葉」いずれも食べた翌日は〇・二キロやせていた。

逆に、ニューオープンのラーメン屋で、スープにあれも入れましたこれも隠し味に――なんていう主張の強いラーメンは私の場合太った。

〈若者の好物は太る〉

肉より魚、なるべく野菜を摂り、豆腐か納豆は毎日、なんて食生活を送っている私が、ある日テレビ局で台本書きをしていて、つい若いADにパンを買ってきてと頼んだ時のこと。パン選びは君のセンスにまかせると言ったら、広島お好み焼き風ロールとハムカツ焼きそばパンを買ってきてくれた。人に頼むと普段の自分の目からは透けて見えるようなものを選ぶから面白いなあと思いながら食べてみたら太った。

このような、自分で自分を観察、研究するダイエットをしてきたのだが、なんと今話題のダイエット法で「計るだけダイエット」なるものがあるらしい。ノートには朝と夜寝る前の体重（これは今後私も採用してみよう）の記入欄、何を食べたか、そして「言い訳」の欄があるだけだという。びっくりするほど私のと同じである。ちなみに今、私の体重は六十二・八キロであります。

（04年9月号）


その後、体重は微かな増減を繰り返し、今は六十四・二キロ。六十五キロを越えると少し気にするようにしている。

■自宅ではフタ付きの灰皿を愛用してます

私は喫煙者だが、同時に他人のたばこの煙は嫌でしょうがない性質なので、新幹線などは禁煙車輌に乗り、喫いたくなったら喫煙車輌のデッキで一服、というスタイルを取ってきたが、先日新幹線に乗ったら、喫煙可能なデッキが全車輌で二ヶ所くらいに減っており、今や一服の為に車輌を四つも五つも歩かねばならない事に気づいた。

駅のホームで、以前はあったはずの喫煙スペースを求めて、端から端まで一往復してしまったことも二度三度である。

信号待ちの歩行者用の灰皿ものきなみ撤去され、バス停も禁煙スペースになった。

また一般的な企業よりも嫌煙対策がズボラだった放送業界だが、分煙化の波がはっきりやってきた。テレビ朝日では喫煙スペース以外での喫煙は会議室だろうが自分のデスクだろうが御法度となり、破ると正式に処分を受けるという。

さあ、この本格的な嫌煙化、というより喫煙排斥傾向を私がどう思っているかと言うと、ちょっと面白がっているのだ。というのも喫煙行為は本人以外のまわりの者にとっては概ね〈悪〉である。他人の吐く煙が大好きなんて人は滅多にいないだろうし、喫煙者は他の喫煙者の煙を許すことによって自分もまた許されるという約束の上で多くの喫煙所は成立している。

といった当り前のことを理解していないダメ喫煙者がいかに多いか、私は最近の歩行喫煙者を見るにつけ思い知る。

職場が、駅が、そして家庭がどんどん禁煙化され、自分はもう路上しか喫う場所がありませんという顔をして歩行喫煙しているが、愛煙家の私に言わせりゃ実はまだまだ東京には喫煙可能スペースは無数にある。コンビニエンスストアの入口、ちょっとした公園には大抵灰皿がある。あったあったと見つけて、しばし立ち止まって喫うセブンスターはまことにうまい。健康のことを考えてどんどん軽いたばこに替える人は多いが、そういうことが平気でできる人は「たばこ好き」ではないと思うので早くやめてしまうことだ。歩きながら、人に迷惑をかけながらたばこを喫える人も同様である。このようにどう見ても加害者である歩行喫煙者が自分のことを被害者だと思っているという、かなりきわどいバランスシートが都内に放置されている感じが、そのうちどうにかなるぞと面白いのだ。

そして一方で愛煙家の私は、たばこがうまい喫煙所をひとつ見つけては頭にインプットしている。

日比谷公園の霞ヶ関側出口、六本木ヒルズのTSUTAYAの脇を入ったところ、中野駅のホーム、東京ドーム周辺の豊富すぎる灰皿も捨てがたい。

（04年10月号）

文末の四ヶ所の喫煙所のうちひとつが今は無い。そしてまさかのタクシー全面禁煙にも多くの喫煙者はおとなしく従っている。施行にあたり、スタート時はトラブルが発生するだろうと思っていたが、たいして無かったようだ。〇八年、仕事でソウルに行った時はタクシーで喫ったセブンスターがまことにうまかった。そしてこの年、セブンスターは国内のたばこ販売で初の一位に輝いたという。セブンスター好きは禁煙しないからだと思う。

■二回連続で怒ってみることにしました

前回は歩行喫煙者を叱るという、普段の呑気なものとは違う怒りの文章を書いたのだが、実はもうひとつ最近の風潮で勘弁ならないものがあって、どうせだから二回連続で怒ってみることにする。それは歩道を走る自転車である。ここ十年で相当数増えていると思うがどうか。最近では銀座でも見かけた。

歩道を歩いていて自動販売機やコンビニを見つけ、ななめに歩を進めた時、後ろから来る自転車と接触しそうになってヒヤッとした経験はないだろうか？　私はよくある。別にぶつかって怪我したわけじゃないからいいだろ！　というわけにはいかない。こっちはヒヤッとしても相手は何の自覚もなく平然と走り去って行くところに理不尽なものを感じるのだ。

自動車と人体は、ぶつかると百％自動車が勝つくらい堅牢さに差があるから車道と歩道とにエリアが分けられている。オートバイなども同様。しかしなんでオートバイより弱いけど人間よりはずっと強い自転車が人間と同じエリア内を走っていいということになっているのか？　ちょっと接触しただけでもこちらは痛い。あちらは何も感じないのだ。だから時々いる、車道をかっこよく疾走する自転車（ロードレーサーっていうんですか）なんかを見かけると「えらいぞ」と内心ほめたりしている。本当の自転車好きは常に車道を走るものだ。といっても自動車を運転する人には迷惑なのだろうか？

暴論ついでに言うと、そもそも自転車は子供が乗るものではないだろうか？　あとフォーク歌手と。バス代もおいそれと払えない子供にとって自転車は貴重な移動手段であり、また娯楽でもある。私も中学生まで同様でした。で郊外に住んでた当時の自分の自転車の乗り方を思い出してみると、車道を走っていた。そしてやむなく細い道を走る時前方に人がいたら、呼び鈴を鳴らしていた……そうなのだ、現在の歩道自転車は呼び鈴を鳴らさない傾向が強いのだ。

このように一人で怒っているような気がしていたある日、夕方のニュースで、ここ数年、自転車と接触した人の死亡、ケガが急増していると報じていた。原因のひとつとして自転車の数の増加をあげていた。本来、自転車に乗らなくてもいい人が、歩行者感覚で歩道を走っているからだろう。自転車を条例で規制して……みたいなことは言わない。せめて迷惑をかけているという自覚を持って乗ってもらいたい。

（04年11月号）

二年前に一度書いていたことを忘れているようだ。しかしもちろん今でも私は歩道を走る自転車を許さない。知り合いの編集者も事故にあい、仕事を休むほどの怪我を負っているのだ。

■私も歩いてみました。距離はまだまだですが……

私のまわりで歩くことが流行している。電車、自動車などの交通手段をあえて使わず徒歩で都内を移動するのだ。昔から好きでよく歩いていた人がもともといて、歩くと面白いよと軽く勧められて歩いてみたら見事ハマッた。万歩計も購入したという者が増えつつあるのだ。

今までは何の疑いもなく交通手段を使っていた自分の通勤距離を一度踏破することが「歩き始め」のようである。

私もよく歩くが、私の場合は目的地を決めず家を出て近所の地下鉄の駅から来た方の電車に乗り、そういえばこのあたりはあまり歩いたことないな、という駅で降りてその界隈をあてどもなく歩くというスタイルである。そこからまた来たバスに乗ったりして同様のことを繰り返すのだ。また起点が仕事が終った場所となることも多い。夕刻に市ヶ谷の制作会社を出て、とりあえず飯田橋方面に歩き、そうだスパ・ラクーアだ、と行ってみたら清掃の為休みでショックを受けつつ水道橋から神田をブラブラして「スキートポージ」で夕食をとり、しかし頭の片隅には「サウナ」の思いつきが消えずJR神田駅から新橋まで電車に乗り最近気に入っている駅前のサウナに直行、とこういうだらけた移動をしているのだ。イヤホンで日米野球を聴きながら。

さらに情けないのは、何だかんだあって最終的に自宅に戻る時にタクシーを使うこともあるので私の歩き方はひどいと言えよう。

しかしつい先日、赤坂のＴＢＳで仕事を終えた夜十二時過ぎのこと、いつもなら間違いなくタクシーで自宅の早稲田まで帰るところを試しに歩いてみることにした。途中からタクシー拾ってもいいしと思いながら夜の外苑東通りをイヤホンでくりぃむしちゅー上田晋也のラジオを聴きながら歩いてみたのだが、今までバスやタクシーの車窓から見慣れていたはずの道に数々の発見があった。信濃町から四谷三丁目までの道路は永年かけて拡張工事が行なわれているが、その中間あたりに並んで二棟のみ、頑として退かない建物があり、新しくできつつある歩道もその建物のぶんだけ車道側にふくらんだ形になっているのだ。あと夜中にジョギングしている人も多いが、長距離を歩いている人も意外と多い。それから車道に較べて歩道はでこぼこし過ぎている。四谷三丁目の地下鉄入口にある灰皿はなくならないでほしい。赤坂を出て一時間二十分後自宅に到着。ちょっと達成感を覚えた。そして「こりゃ楽しい」とも。もちろんタクシー代二千五百円を浮かしたことも誉めてやりたい。翌日は麻布十番から歩いて帰りました。

（04年12月号）

前述の「紅白マニアの放送作家」寺坂さんも、ラジオの深夜放送を聴きながら歩いて帰宅するのが好きだ、と言っている。彼の場合その距離は神谷町から中野坂上までだそうだ。マニア体質の度数は歩行距離に比例するようだ。

■当時のキネ旬では小野耕世氏だけがベストテンに選出（九位）

今から二十五年前のある日の朝、高校生の私は通学バスで乗り合わせた友人に「今、無茶苦茶おもしろい映画やってんだけど観に行かないか」と誘われ、高校へは行かずに藤沢から小田急と山手線を乗り継ぎ池袋まで出た。今はなき文芸坐ル・ピリエで単館上映していた映画は『ネオ・ファンタジア』というイタリア製のアニメーションである。

これが本当にひっくり返るほど素晴らしい作品だった。

ラヴェルの「ボレロ」やシベリウスの「悲しみのワルツ」など六曲のクラシックにそれぞれアニメーションを当てたオムニバスで、ディズニーの『ファンタジア』と同じようなつくりの、というよりあからさまに敵愾心むき出しの挑戦的な姿勢が鮮烈な作品だった。次の日曜日にもう一度観に行ったくらい気に入ってしまった。監督はブルーノ・ボゼット。

この『ネオ・ファンタジア』はその後一度ビデオ化される。レンタル禁止・セルのみで確か一万一千円だったと思うが、そのうちもっと安く手に入るんじゃないかと購入を逡巡しているうちに廃版になったのか市場からなくなってしまった。

やや大げさに言うと、この時に生じた心の空洞を抱きながら私はその後の日々を生きてきたと言ってよい。それは、街にアート系の中古ビデオ店を見つけると、棚に『ネオ・ファンタジア』のパッケージを探すのさ、という「ルビーの指環」の主人公的日々である。

これだけおたく文化、コレクター文化が発達した我が国でも珍しい程見つからないのだ。そして『チェブラーシカ』や『クルテク』は発掘されても『ネオ・ファンタジア』はやってこない。『ネオ・ファンタジア』なんて映画はなかったのかしら、とさえ思うようになったある日、「05年1月2日より28日まで　東京都写真美術館にてロードショー　ネオ・ファンタジア」との知らせを目にする。

私は本当に小躍りして喜びましたよ。さっそく当時のパンフレットを本棚から取り出してみる。淀川長治氏は「このボゼット、初めて見たんです。はじめて見たゆうことのすごい感激です」と語り「むきだしの美術品」と絶賛。手塚治虫氏は「(ディズニーとは逆で)ボゼットはおよそ絵にならない曲を使ってる」と指摘、絵が暗く悲劇的な内容なのはイタリア人の原体験から来ているのではないかと語っている。田中小実昌氏は「まるごとたのしい」と、ギャグの面白さを伝えている。かように多面性にあふれている『ネオ・ファンタジア』、もうすぐ二十五年ぶりの再会だ。今度は何回観に行こうかな？　一回は仕事をさぼって行くことにしよう。

（05年1月号）

喜び勇んで上映中の東京都写真美術館に行ったところ、フィルム上映でなくビデオ上映だったのがちょっと残念だったが、ＤＶＤも発売されたし、一応めでたしめでたしか。

■今頃、あらゆる所で同内容の文章が一斉に書かれていると思いますが

一月九日のこと、今年はまだラーメンを食べていないと気づき、初ラーメンはやはり「丸福」だろうということで荻窪に向かう。いつものように北口のエスカレーターを上り青梅街道沿いの歩道を右に進むと前方の「丸福」はシャッターが閉まっている様子。まだ正月休みなの？　という失望はすぐあとに絶望に変わることになる。見上げると閉まったシャッターの上にある「中華㊢そば」の看板の文字のところがガムテープでマスキングされているのだ。「休み」などではないことだけは確かだ。しかし貼り紙や挨拶めいたものは一切無い。ここより前方の「春木屋」には行列ができ

ているのが見える。しかし「丸福」には今、名前がなくなっている。オロオロしながら建物のまわりを見てみると裏のドアにワープロ打ちの貼り紙があり「当ビル１Ｆの店（旧丸福ラーメン）に関する問い合せは――」と、何らかの管理会社とその担当者の電話番号が明記されていた。「旧丸福」……。

私が初めて「丸福」のラーメンを食べたのは八二年だと思う。山本益博さんの『東京・味のグランプリ』で激賞されているのを読むなり、行って玉子そばを食べたらそれはもう期待を上回る旨さで、たちまち虜になってしまったという次第である。同時に、世の中にはこんなに旨いラーメン屋が他にもあるらしいと知り、私はよくあるラーメンファンになった。以来二十年あまりの間幾つかのすごく旨いラーメンも食べたが結論として「丸福」より旨いラーメンは無かった。

結論という言葉の使い方がおかしいかも知れないが、ここ数年のニューオープンの店はどこも同じ方向性で「やりすぎ」のラーメンなのだ。食事というよりエンタテインメントになってしまったような。なので最近は老舗の、昔から好きだった店に通うようになっていた。「丸福」以外では銀座の「萬福」、渋谷の「チャーリーハウス」などなど。そしてこれらの店は旨いのに行列ができないのも優れた共通点である。

さて、荻窪で茫然自失の私はそのあとどうしたのかというと今まで一度も入ったことがなかった駅前の「珍来」でラーメンを食べた。普通に旨かった。しかし「丸福」はこの普通にプラスαが五つぐらい溶け込んでいたのだ。その後件の管理会社に電話したところ「閉店したようです」とのこと。その他のことは判らないとも。

翌日は西荻窪の「丸福」に行って玉子そばを食べた。現存する「丸福に近い味の店」では健闘している方だろうか。普段は一切店の人に話しかけないが、店を出る時「がんばって下さい」と言ってしまいました。

（05年2月号）

その後、三鷹で「丸福」は復活したが、「土地が変り水が変ると同じ味は出せない」ということで全く違うレシピのラーメンになっていた。あと「チャーリーハウス」も中国人のコックさんが北京に帰ることにより閉店してしまった。

■今回はお金の話――私がこの半年間取り組んできたこと

地味な話で恐縮だが、皆さんは財布の中の一円玉をどうしてますか？　大半の人が共通して行なっているのは、ある程度財布がふくらんだ頃に、特定の缶やカップなどに小銭を入れて貯めておくという、さしたる積極性も計画性もない行為だろう。他にはコンビニやスーパーのレジの脇にある募金箱にすぐさま投入するやり方もあるだろうし、ひょっとしてごく一部には貯まったら捨ててますねえという人もいるかも知れないが、それはやはり中崎タツヤのマンガの中だけの話か。

私も多くの人と同様に、適当なカップに無造作に一円玉と五円玉を消極的にプールしながら日々を過ごしていた。十年以上にわたり少しずつ少しずつ小額硬貨は静かに貯まっていく。貯まったとて決して大金にはならないからワクワク感も無く、貯金ともお財布内の掃除ともつかない行為が続いているある日、私は近所の百円ショップで一円硬貨収納ケースを見つけ、買ってみた。「五十枚収納　合計五十円」とある。そりゃそうだと思いながら長年貯め込んだ一円玉をケースに収納していく。一箱キチンと収めるとなかなか気分のいいものである。が、二箱、三箱と収めていくうち、果たしてこの行為はいったい何に向かっているのかという疑問にぶち当たった。例えば部屋に散らかしてある文庫本を新しく買った本棚に収納する行為と混同しているんじゃないかと思ったのである。一言で言うと、収納してどうすんだ？　ってことである。

そこで私はこの一円玉を消費し始めることを決意した。銀行に行けば逆両替してくれることは知っているがそれは味気ない。十数年の「いつの間にか」のものを一瞬の「はい四百五十円です」で済ましたくないような。

私は一日に数回コンビニエンスストアに立ち寄る。飲みものを一本買ってそれを店先で飲むなんてことをよくやる。カゴメや伊藤園の「一日分の野菜」系のジュースなどは百五十七円なので一回につき七枚消費できる。今は店頭の価格表示が税込みになったので、何を買えば一円玉が何枚減らせるかが容易にわかる。複数のものを買う時も、品物をカゴに入れながら合計金額の端数を念じている。「5・5・5・2・2・2・9・9・9、よし」という具合に一円玉がなるべく多く減るような商品を選びながら。

出かける前に、一円玉を十枚以上財布に補充し、なるべく使いきる毎日を過ごしていたら、約半年で五百枚近い一円玉を使い切ることができたのであった。大いなる達成感。

いいですか皆さん。一円玉は減らそうと思わないと減りませんよ。地味なメッセージですが。

（05年3月号）

今も二〜三日に一回、財布の中の一円玉を無くすためのコンビニ利用をしている。端数が

「三円」の飲みものって、少ないね。

■タバコはやめない。しかしタバコに関するこの行為はやめます

男女数人の友人同士での食事中、話題が「これだけは許せない（異性の）タイプ」になり、まあそこそこ盛り上がっている時のこと、二十五歳の女性（独身）が、私はあまり細かい事は気にならない方ですがと前置きしながらも「ひとつだけありまして」と、きっぱりこう言った。

「タバコの外装フィルムの内側に爪楊枝を挟んでる人」

私は顔から火が出た。

すかさず傍らの私の妻が明るく尋ねる。

「それ、高橋がやってるの見たことあって、思い出して言ってる？」

そうではないと彼女。私がやっているのを見たことはないとのこと。ちなみにそのテーブルに置いていた私のセブンスターのフィルムには何も挟んでいなかった。さっき顔から火を出してる時に確認済みである。

さて、私は当ページで歩きタバコや歩道を走る自転車など、マナーの悪さに目くじらをよく立ててきたわけで、自分としてはもちろんマナーを守りたい人間である。もう少し正直に言うとマナーを心得た上品な人間に見られたいと願う男なのだ。日々の精進も奏効しているようで、まわりからの「魚の食べ方がきれい」「携帯電話にキズひとつ無い」「無音で歩く」といった評判は枚挙にいとまがない。

そんな私がいつも携帯している爪楊枝入れを忘れた時などつい魔がさしてやらかしてしまうのが「タバコフィルム爪楊枝」なのだ。いつかも番組の打ち合せの席上、それを同世代の男性スタッフに見つけられ、

「あ、高橋さんもこれやるんですか、僕もこれ女房に見つかると怒られるんですよ〜」

と、我ら下品仲間みたいな連帯感を打ち出されて、やり場のない怒りを感じてしまったこともある。常習じゃない！　と。

しかしこの「フィルム楊枝」は、たったこれだけの行為の中に中年男性ならではの下品がこれでもかと凝縮されている。

○人前で爪楊枝を使う行為そのもの
○爪楊枝入れを携帯しないものぐさな考え
○まさか一度使ったものをまた入れてるんじゃないだろうなという恐怖
○ひょっとしてこの方法を、便利で気が利いてるだろうと思ってやしないだろうかという絶望感

二十五歳の女性が「タイプは？」ときいてるのに「行動」で答えたこの行為は相当の濃度を持つものなのだと改めて感じ入った。

というわけで私はもうタバコのフィルムに爪楊枝は挟まない。常に爪楊枝入れを携帯し、ってこれも問題あんのかしら。歩くとシャカシャカ音出るし。

（05年4月号）

これは、今もたまにやってしまう。でも人前では隠している。

■七〇年は五回行きました。〇五年はとりあえず一回目……

三月三十日、愛知万博に行ってきた。東京から名古屋に向かうのぞみ号の車中、私は沸き上がる期待と大いなる不安を抱えていた。

というのも三十五年前の大阪万博に当時小学三年生の私は多大な衝撃を受けた典型的な「万博少年」であり、閉幕後も万博によって形成された価値観と共に成長してきた者だからである。

「万博はよかったなあ」

「万博的なものはいいなあ」

年に一度は寝ると〈何らかの手段で昭和四十五年の万博会場にたどり着くことができた！〉という夢を見てしまう。六本木ヒルズはなかなか万博的な所があるが汐留シオサイトはあまり万博的ではないと思う。そんな私のような四十代は少なからずいるだろう。

今回の愛知万博はガイドブックや関連本などの事前情報によると大阪万博が過剰に有していた「万博的なもの」はかなり薄い。まず、太陽の塔、お祭り広場、エキスポタワーのような、今まで見たこともなく、かつ巨大な建造物が見当らない。デザインの方向性がバラバラのパビリオンがひしめきあってもいない。

この二点は極めて大きな落胆ポイントなのだが、今の世の万博事情からするとこれらは甚だ環境によろしくないものでありＢＩＥ（博覧会国際事務局）が許すわけがない。三十五年前はアバウトに善だった「開発」が今やストレートに悪であり、大阪万博のテーマ「人類の進歩と調和」も「調和」はよくても「進歩」は黄色信号がともる文言とされてしまうのだ。

会場に到着し北ゲートをぬけると晴天をバックにゴンドラが移動していた。それを見て「あ、やっぱり万博だ」とまず思った。人気の日立グループ館やトヨタ館には長い列ができている。そこで私は待ち時間無く入れるグローバル・コモン6に向かった。三十五年前に五回行った万博も、初回は小さな国のパビリオンばかり巡って会場の全体像からつかんでいったのだった。

そんなことを思い出しながら歩いていると、私は今まで見てきた「万博夢」のどれよりもはっきりした「万博夢」の中にいる感覚にとらわれた。

フィリピン館に入る。そこには「コーコー」というメガネザルを模したマスコットがいるのだが、実にこの造型が七〇年代ぽい、泣けるものであった。そして各パビリオンにあるスタンプを用意していた無地の手帖に押し、配られるパンフがだんだんバッグに貯まっていく感じは、あからさまに三十五年前の記憶と直結する「地味ながら実に万博的なこと」である。

帰りに全期間入場券を購入して会場を後にした。

(05年5月号)

さあ、火が付きましたね、愛知万博熱に。

■私は当時「ウイニングショット」というラケットを使っていた

私は高校時代に硬式テニス部に所属していた事は以前ここにも書いたが、当時、顧問を務めて下さっていた先生が今年度をもって退職されるということで、ご苦労様でしたの意味を込めて「S先生を囲む会」が開かれた。卒業以来二十五年、この手のクラス会的な集まりに出席するのは初めてである。同学年の友人達とは結婚式などで数回会っているが一番最近のものでも十三年前のことであった。

この日、先生を囲んだ我々は神奈川県立鶴嶺高校の第二期生から九期生の硬式テニス部OBとOG。三期生の私は二十五年ぶりに先輩達や後輩達と顔を合わせることになる。

前日に髪を切り、いつものオールバックでなく、前髪を上に流す程度にして藤沢のホテルの催事場に出掛けた。立食パーティ形式の会場には総勢で五十名ぐらいの出席者が集まっている。中央近くのテーブルに懐かしい同期の連中が集まっていたので近づいて「久しぶり！」と声をかけたつもりが出た言葉は「お久しぶりです」になってしまった。緊張していたのだ。しかし「久しぶり、うわっ、変ってねえなあ！」と返してもらえたので、やっぱり嬉しくもあり大分落ちつけるようになった。

会は先生とともに当時の色々な出来事を皆それぞれが思い出して行く、かなり楽しいものになっていった。

二期と三期は、ラケットを握るどころか、そもそもテニスコートを作った世代なのだ。荒地をならし、いい土をよそから一輪車で運び込みローラーを引く毎日でも楽しかったことしか憶えていない。私は忘れていたのだが、その頃私は空になった一輪車二台を並走させ、その上に仁王立ちになって遊んでいたという。

他のテーブルに目を移すと、ああ、ああいう後輩いたなあという顔ばかり。しかし私はテニスそのものがひどく下手だったので、後輩にテニスを教えたり慕われたりするよき先輩ではなかった。よっていつまでも同期のテーブルを離れなかったところ、ひとりの二年の女子が、つまりは四期の女性がつかつかとやってきて二十五年前と同じ顔でこう切り出した。

「先輩、私は『タモリ倶楽部』をみています。そして……」

と、手帳から一枚の写真を取り出す。ラベンダー畑で小さな兄弟が笑っている。

「ふたりの息子は『爆チュー問題』が大好きなんです。いつも私は子供たちに、『この高橋洋二という人はお母さんの先輩なのよ』と言ってるんですよ」

ものすごく感動してしまった。放送作家やっててよかった。爆笑問題の二人にも報告したら、我が事のように喜んでくれた。

（05年7月号）


二次会は駅前のそば屋で開いた。このそば屋は当日は欠席した、やはりテニス部OBのN君が、かつて浪人中にバイトをしていた店である。二次会ではそのN君も顔を見せてくれた。厨房から。そうN君はそのそば屋の店長になっていたのだ。

■流行が去るまでの間に東京のナンバーワンを見つけたい

五年前までは東京には十軒に満たなかったジンギスカン専門店が、今や六十軒を超えてまだまだ増え続けているという。

私が初めてジンギスカンを食べたのは今から二十年ほど前、都内の「すき焼・しゃぶしゃぶ・ジンギスカン」の店なので、専門店ではない。肉は冷凍ロールのマトンを機械でスライスしたものだった。同行の北海道通の者は「本場のジンギスカンはこんなもんじゃない」と嘆いていたと記憶する。

その本場の味に出会うのはそれからかなり経った〇二年、すすきのの「だるま本店」でのことである。そこで初めて私の中にジンギスカンの火がついた。

こんなにうまいものだったのかと驚いた。ぶ厚い生マトンの食感と豊かな肉の香り。そして秘伝のタレは濃厚かつスパイシーで、羊の肉を食うならこれしかないだろう「正解の味」である。この一軒しか食べてないのにナンバーワンと宣言できる、滅多にない体験だった。

北海道でこれだけ伝統も人気もあるものが、どうして東京にはないのだろう、と思っていたらラジオで極楽とんぼの加藤浩次（北海道出身）が、俺は東京で本格的なジンギスカンを出す店をいつか開く、と宣言していた。これは絶対本気だなと直感した。これが三年前のこと。

そして前述したとおり、今年の六月になると、我が家の近所にもチェーン展開しているジンギスカン専門店がオープンするくらい、ジンギスカンは東京を席巻する。その間私はどうしていたかというと指をくわえて見ていただけであった。やなかんじの店だったら、あの素晴らしいだるまの思い出を台無しにしてしまわないだろうか？　いつのまにかジンギスカンに関して臆病になってしまっていたのだ。

でも歩いて行けるとこにも出来たのだから、と三年ぶりのジンギスカンを、そのチェーン店の専門店で食べてみたところ、実に全く予想通りの味だった。肉質もタレも今イチ。しかし、「だるまで食べたもの」に似ているものを久々に食った！　それも近所で！　という妙な満足感も得たのだった。

これで恐れることをやめた私は東京のジンギスカンブームを冷静に見つめなおす。札幌ではマトンが中心だが、東京はラムを推す店が多い。しかし本当にうまいものは上質のマトン、もしくはその中間のホゲットであろう。そして輸入肉は、オーストラリアやニュージーランドもいいが、アイスランドのものが一番うまいのではないか？　また、今やオールドスタイルの冷凍ロール肉にこだわりを持つ店もあるというから、これから一軒一軒流派の違いを確かめに行ってまいります。

（05年9月号）

文中にあるように増え続けた「ジンギスカンの店」は、ピーク値に達するや否やどんどん減少していった。残った店は実力のある店である。私は四谷・荒木町にある店が東京では一番好きかも知れない。

■まだ愛知万博のことで頭がいっぱいで、今後の名古屋のことまで考えは及び……

本誌八月号で「愛知万博非公式ガイド」を書いた時点で八回、その後六回の計十四回万博に足を運んでいる。この号が出る頃には閉幕している万博だが、八月九月は入場者数、人気パビリオンの待ち時間もどんどん伸び、希望する超人気パビリオンに入りたい人は朝の五時に会場の門に並ぶことが常識のような状態に突入した。希望するパビリオンが欲張りな事に「日立」「トヨタ」「三井・東芝」ですなんていう人は更に二時間早く午前三時に到着しなければいけないことになる。

従って私は取りこぼした超人気パビリオンを深追いすることはやめ、外国パビリオンが出店するレストランを巡る方針で万博を楽しんだ。

そして東ヨーロッパの国々の家庭料理はどれも最高だということがよくわかった。チェコ、ポーランド、ルーマニアの家庭料理は、日本に専門店が極端に少ないこともあって、貴重な体験だった。まさか四十代にもなって「うわ、このスープどうやって作ってんだ?」と未知の味覚に出逢うとは思わなかった。特にチェコのグラーシュスープやニンニクのスープはひとくちごとに考え込んでしまうほどで、おそらくチェコ独得の香草と調味油が「未知」の中心なのだろうと結論した。

東京にチェコ料理専門店は今は無く、全国では前橋と鹿児島にあるという。ポーランド料理は今回出店した店が名古屋に日本初の店を出すという。ルーマニア料理は、日本で唯一のルーマニア料理店である銀座の「ダリエ」が出店したものであるから、この店に行けば今後いつでも愛知万博のグローバル・コモン4にいる雰囲気をルーマニア料理とともに味わえるのだ。

こんな情報をわざわざ書くのも、万博が終ってしまって胸にぽっかり穴があいた状態にある人々のためである。

閉幕後の会場はほとんどの建造物は撤収される。が、一部の人気パビリオンは移築される可能性も高いという。サツキとメイの家は色々ともめた揚句、やはり三鷹にあるジブリ美術館に移されるらしい。また外国館でダントツの人気を誇ったドイツ館は、建物も中味のライド(乗り物)も全部ひっくるめて売りに出されるそうだ。以上のことは万博会場内を走る自転車タクシーのドライバーから聞いた。

また少々心配なのは、万博に熱狂した子供たちが、長じて進学や就職などで東海地方を離れた時、他の地方での愛知万博の認識が自分のそれと大きくへだたりがあることをどう感じるのかである。今後は、名古屋人気質の項目に「集まると愛知万博の思い出話に盛りあがる」が加わるのではないか？

（05年10月号）

○五年は「愛知万博」に関するものなら建築の専門誌からＣＤから雑誌「子供の科学」まで何でも購入し、関連番組はすべて録画した。公式記念ＤＶＤも出るんだろうなと楽しみにしていたが、出ませんねえ。冒頭に記した「愛知万博非公式ガイド」は本書巻末に収めています。

■千葉の落花生VSアメリカのポップコーン

私は毎晩、いいちこをウコン茶やどくだみ茶などで割って飲んでいる。滅多に行かない焼酎バーでこのことを話したらまわりの焼酎ファンから「いいちこ……ですか」とまるで憐れむかのような目で見られたものだが、なんというか、どこのコンビニでも二リットル紙パックで売られている事を含め、いいちこは「うまい」のである。

夜は腹にたまるものは食べないが、空飲みはしない。柿の種だったりサラミだったり手近なものを適当につまみながら、であった。と言うのもこの一年近く、私の酒のつまみがあるものに定番化されたのだ。

それは千葉産の乾煎り落花生である。渋皮のついたやつである。コンビニで置いてあるところはまだ少ないが、ちょっと大きなスーパーならあるはずだ。どの銘柄でも千葉産ならラベルに「本場八街《やちまた》産」とか「千葉半立《はんだち》種」と大々的に謳っているのですぐわかる。気をつけたいのが本格派風のラベルで堂々と「国内加工」とあるもので、これは「産地」は国内でないことを正直に表示しているだけのことなのだ。裏には「原産国　中国」とあるはずだ。千葉産の旨さを憶えると今までの中国産のものは鳥肉でいうとブロイラー、魚の養殖ものに思えてくる。千葉産は皮の色も土色に近く、大きさや形もまちまちで不格好だが食べてみるとがっちり固く、味も風味も濃く、また粒ごとに味が違ってたりして、野趣に富んだ魅力もあるのだ。

千葉産落花生で呑んでいることを吹聴していたら、どうやらタモリさんも千葉産を大いに認めているらしいと人に教えられた。これはうれしかった。食に関することで、自分がおのずとやっていたことがタモリさんと一緒。これは自信がついちゃうってもんだ。

今や自宅のストックを切らさぬよう、出先で豆専門店を見つけると産地を確認して購入している。そのうち八街に落花生購入のための小旅行にも出るだろう。

このような酒と落花生の平穏な日々を送っていたある日、都内のコンビニで見慣れぬ新商品が目についた。「亀田製菓」のマークがあるがこれは輸入元でアメリカの「オーヴィル電子レンジ用ポップコーン」、試しに買ってみたら、今までにもあったこの手のポップコーンのどれよりもよくできた商品だった。パッケージに無駄がなく、はぜずに残る粒の少なさも画期的で、これは相当売れると確信した。ハーゲンダッツのクリスピーサンド級の、久々のコンビニ店内の風景を変える商品となるだろう。もうなっているかも知れないが私は一ヶ月位で飽きると思うので、また落花生に戻っていくのである。

（05年11月号）

このポップコーンは消えましたね。

■歩き始めて一年めの報告です

一年前の本誌十二月号の本欄で私は都内の移動手段として、電車、自動車などを使わずに徒歩を試みたら非常に心地よいものだったと書いた。

赤坂で仕事を終え、自宅のある早稲田までの帰り道、タクシーを利用するという〈常識〉を一度破ってみて歩いてみたら歩けた！　と当時は興奮を覚えたものである。

その後、私の徒歩生活はどうなっていったのか？

それからすぐ、週に一度ぐらいのペースで歩いて帰宅するようになった。

夜中の都心を歩いてみると色んな発見がある。まず照明設備のバリエーションの多さである。常夜灯にも蛍光灯、白熱灯、オレンジ色のものなどかなりの種類があり、歩く己れの影も刻々と変化する。また夜の工事現場では、ぼんぼりのような形状の非常に光源が強力な照明器具を使用しているのだ。こちらも数種類あるようなので「タモリ倶楽部」で取り上げてみたらどうなるのかななんて考えながら歩く。そのうち同じルートに飽きてくるので脇道へ脇道へとルートを取っているうち、都心にはつくづくまとまった暗闇が無いもんだなとあきれてしまった。都心の夜十二時は郊外の夜七時より確実に明るい。知り合いの茨城県出身者とそんな話をした時、地元にいた高校生の頃、夜中に東京の方角を見ると上空までボーッと発光しており、それに強く憧れたと言う。

何のために歩いているのか、なんていう事は考えもしなかったが、この時期に無闇に強くなっていった足腰はその直後から半年間にわたって開かれた万博見物には相当効力を発揮したといえよう。まだ肌寒い日、猛暑の日、雨の日と万博会場を歩き倒した私の足は一年前に比べひと回りスリムになり、一～二時間歩き続けても割と平気なくらい頑丈なものになってしまった。そして足の中に〈歩きたい因子〉が発生したかのように、仕事と仕事の空き時間はとりあえずその辺を歩くと落ちつくようになってしまった。同時に自分が今まで歩いていない道がいかに多いか（当り前だ）に気づき、なるべく知らない道をすすんで歩いては、あれ？　東京タワーってこんな所からも見えるのかなんて発見して喜んでいるのだ。

防衛庁跡地や汐留の再開発地も、見上げるたびにずいぶん進んだなあとデジカメで撮っている。それらが完成した頃に見ると貴重な写真になるぞ、と頭の中の浅い部分で思っているわけだが、今の私の「東京を歩く、見る」という行為が何かの突発的な崩壊の前に見届けておこうという虫の知らせでなければいいなと思う。

（05年12月号）

この「工事現場保安用品もの」は三年後に「タモリ倶楽部」で放送した。この三年間で更に進化していたのだ。

■温泉番組かくあるべしの一例

新山愛里、三津なつみ、桜朱音、星月まゆら、といった名前にピンと来る読者はどの位いるのだろうか？　私が彼女たちを知ったのは、この一年熱心に視聴した、ある番組でである。

その番組は地上波ではなくスカイ・パーフェクTVの277チャンネル「旅チャンネル」の深夜に放送している「美女と湯めぐり」なるものだ。

三十分番組で、毎回ひとりの若い女性が温泉宿を紹介するのだが、何げなく初めて視聴した時の驚きと喜びは決して小さいものではなかった。

番組の体裁はよくあるオーソドックスなもので、地上波の温泉番組と違うのはレポーターが冒頭に記したようにテレビでおなじみのタレントではないことだ。

レポーターの女性は温泉街をブラブラ歩きながら、空気がきれいとか当り障りのない感想を述べる。宿に着く前に植物園を訪れたり、焼きもの教室でろくろを回したりもする。そして宿に到着、宿の主人と少々語らった後、風呂に入るのだが必ずどのレポーターも全裸になって入浴するのだ。胸も尻も大写しである。唐突に裸が登場するお得感もさることながら、出演者が湯船にちゃんと裸になって入る温泉番組が存在する喜びも大きい。地上波の温泉番組では、当り前っちゃ当り前だが女性タレントはバスタオルを巻いて入浴するならわしである。実際に温泉でやってはいけないことなのに。

もうお分かりだと思うが彼女たちは現役のAV女優なのだ。最近のAV事情に暗かったので、前述のように当初は面食らってしまったのだ。

レポーターは風呂からあがると部屋で夕食をいただく。板長が一品一品について説明もしてくれる。「当宿自慢の湯葉のお造りです」「うわー、初めて食べましたがおいしいですね」

食後にもう一度、今度は露天風呂に入浴して、その裸の画にエンドタイトルが出て当番組は終了する。

番組には折りにふれ男性の声でナレーションが入るのだが、「新山さんは突然の猿の出迎えにちょっとびっくり」とか「桜さん、温泉まんじゅうに舌鼓を打ちました」と、なぜか名字を「さん」付けで呼ぶなど、エロさを出さないように心掛けてるようだ。

レポート能力は人によってまちまちだ。感想で何を喋ってるのかよく判らない人もいるし、逆に地方の局アナばりにやけにしっかりレポートする人もいて、タレントめざしてるのかなと思うと妙な迫力も感じる。

あと彼女たちは左ききがすごく多い。そして浴衣をバスローブのように着る。

（06年1月号）

この「美女と湯めぐり」シリーズは現在も放送中で、なんとDVD化されている。ちょっとしたプレゼントに最適だ。贈る人選を間違えなければ。

■ここのホテルマンたちは日本一（だったのに）

今年は喪失の年である。年明け早々に強く感じたのである。

我々夫婦は私の実家で正月を過ごすのだが、利用する横須賀線の車掌さんから、三月のダイヤ改正で首都圏在来線のグリーン車を利用する際の「グリーンきっぷ」が無くなると聞いた。これからはＳｕｉｃａでグリーン料金をチャージして、グリーン車の席上にあるセンサーにＳｕｉｃａをかざし着席するシステムになるという。この方法、混乱を招きはしないだろうか？　Ｓｕｉｃａを持っていないＪＲ利用者だってまだまだいるだろうに。そのうち紙のきっぷそのものも無くなるのか？

意外なものの廃止に面食らっていたら、もっとショッキングな喪失の知らせに直面してしまった。赤坂のキャピトル東急ホテルが今年十一月いっぱいで営業を停止し、取り壊されるのだ。特に妻はヒルトン時代からこのホテルを利用しており、誰より深く愛しているので、初春から絶望感を抱いている。

取り壊された跡地には二十九階の高層ビルが建てられ、三年後頃にはその中に新しいキャピトル東急ホテルも入るらしいが、我々はとにかく今のキャピトルが好きなのであって、人の動線も快適なロビーや、カルガモもやって来る池や庭、障子付きの窓がある客室等々、無くしてしまうのは惜し過ぎるものばかりである。

特に一階にあるコーヒーハウス「オリガミ」は居心地、料理、そして軽食はもちろん、夜十二時までステーキやコース料理が一人の時でも食べられる雰囲気など、すべてにおいて東京で最も使えるレストランだったのだ。デザートのメニューにある「ターツ」（タルトのこと）「ルーラード」（ロールケーキのこと）などの独特な呼称も素敵だ。

和食、鉄板焼きの「源氏」、中国料理の「星ヶ岡」もよく利用した。よく利用するとポイントが溜って格安になるので更に利用した。

赤坂にはTBSがあり制作会社も数多いので私は毎日のように出掛ける街だ。仕事が終ると「オリガミには間に合うな」という時刻であることが多い。ひとりで食事をしていると、銀座の出版社で打ち合せを終えた妻もオリガミにやって来て鉢合わせ、なんてことも少なからずあった。

ここ数年の間に、古くなったエレベーターやレストランの内装をガラリとリニューアルしたので、帝国ホテルや全日空ホテルのように、残りの全館を内側から大改装していくのかなと思っていたが甘かったですね。

私は髪もキャピトルに入っている理容室でカットしている。本当にこれからどうしよう。

（06年2月号）


「オリガミ」は場所を、赤坂のエクセル東急ホテルの地下に移し営業を続けているが、ラストオーダーの時間が早めになってしまった。理容室の、私をいつも担当して下さる理容師の方は新宿の某ホテルの理容室に移り、今でも髪を切ってもらっている。

■女性にモテモテで遊び上手の数学の天才はいないのか？

数学の天才が主人公の作品がどうかというくらい集中している。小説界では『博士の愛した数式』（小川洋子）が〇四年の読売文学賞、本屋大賞を受賞し、ベストセラーに。『容疑者Xの献身』（東野圭吾）が今回の直木賞を受賞し、ベストセラーに。映画界では前述の小川作品が早くも映画化された『博士の愛した数式』（小泉堯史監督）、舞台劇の映画化作品『プルーフ・オブ・マイ・ライフ』（ジョン・マッデン監督）が相次いで公開された。

数学嫌いの私だが〇二年のアカデミー作品賞受賞作、実在の天才数学者の波乱に富んだ人生を描いた『ビューティフル・マインド』（ロン・ハワード監督）があまりにも面白かったので、この「数学作品ブーム」に乗らぬ手はないと、二月のある数日間ですべてを読み、映画館で鑑賞したところ、どの作品も素晴らしいものだった。数学が孕む強力な物語性に圧倒された。

と同時に興味深いのは、どの作品の主人公も精神がまともでなく、それぞれが主人公をめぐる愛の物語であることだ。

『ビューティフル――』と『プルーフ――』は若き天才が、天才ゆえの宿命なのか精神を患らい長じて廃人同様となる。『博士――』の博士は交通事故の後遺症で記憶が八十分しかもたない。映画ではこの主人公たちが、どうまともでないのかが視覚的な見せ場としてしっかり描かれる。それは主人公の見た目のショットと客観的なショットを巧みに織り混ぜた編集術であったり、主人公の書いた論文をその娘が音読するシーンの演技であり、博士の背広に小さなメモ用紙がぺたぺたと止められているビジュアルだったり（しかもその背広はその俳優の父の某名優の舞台衣裳だという）と、どれもが実に映画的なのだ。さらにこれも共通しているのが主人公は時にまとも、時にまともじゃない、と状態が一定じゃない事で、相当に高度な演技力が堪能できるのだ。

『容疑者X――』の主人公は映画化作品のように発病はしないが、しない分、数学の天才は他の分野の天才と違ってどえらいことをしでかすぞという雰囲気をより濃厚に醸し出している。

しかしなぜここに来て数学者の物語が愛されるのだろうか？　文系人間と理数系人間の永遠の論争に、正解は「いろいろ」だからいいのか「ひとつ」だからいいのかというものがあるが、何が正しいのか判りにくい世の中ゆえ、ここはひとつ後者の世界観の美しさを基調にした人間くさい物語が具合がいいいのか？

『容疑者X――』も映画化されるのだろうか？　主人公の数学教師役は誰だろう。荒俣宏か？　あるいはカンニング竹山か？

（06年3月号）

映画化された『容疑者Xの献身』で数学教師石神を演じたのは堤真一だった。モテないかんじを演技力で表現しており評価も得た。私も良かったと思うが、一方の主人公「ガリレオ」が、「モテるかんじを地でやってる風」の福山雅治だから、石神は例えば香川照之で観たかったなあという感想を持った。

■今年のプロ野球はトリノ・オリンピックより面白い（はず）

間もなく今年のプロ野球が開幕する。この時期は決まって我々ファンが新しいシーズンの始まりに様々な夢を託す希望のひとときだが、今回のオフは全球団を通じて稀に見る面白い展開だったと言えよう。

まずひとつには私が阪神ファンだからで、ゆえにセ・リーグ各球団の選手、コーチ、監督が、今年一番意識する球団は？　と聞かれ「もちろん阪神ですが」と前置きしているのが気持良くってしょうがない。また阪神がお家芸と言われる理不尽なトレードやFA補強でファンをがっかりさせることを今回はしていないのも珍しい。岡田阪神一年目の時、新人の鳥谷の起用法に多くのファンは「なぜ藤本でなく?」と不満を抱いたものだが、それを払拭させる説得力を岡田は見せている。また主な補強は先発投手のオクスプリングぐらいってとこが勝者の余裕が？　あとは林や桜井といった生え抜き選手の成長が戦力にリンクしていくだろうという理想的な構成。またこういう夢みたいなことを言っても他球団のファンから「また阪神ファンが」と馬鹿にされないから本当に優勝するっていいですね。しかし去年の日本シリーズのボロ負けの記憶もあるからモチベーションだって落ちていない。

この強い強い阪神が今年も優勝間違いなしかというと全然そうでもないところがこのオフの面白さだ。まず巨人がかなり正気に戻った。〇二年に若手をうまく使って優勝監督になった原監督なのに、やっぱ大型補強してるじゃないかと見えそうだが、本質は新しいコーチの編成で、投手コーチに尾花、打撃コーチに再び内田順三を迎えているのが大きい。

巨人が「育てる意識」を持ち始めた一方、おもしろ即戦力を打ち出しているのがヤクルトで、何と、石井一久、木田、高津と、いっぺんに三人もの日本人メジャーリーガーを呼び戻した。本来なら今頃メジャー行きの石井弘寿が残っているから四人分である。野手では広島からラロッカをぶん獲っているのが不気味だ。

その可哀想な広島は新監督に熱血漢のブラウンを迎えて新体制作りを始めた。ブラウン監督はシーズン序盤に審判をぶんなぐるなどして更迭、打撃コーチの小早川が監督代行となって真の新広島カープの誕生になるのではないかと二宮清純氏がラジオで笑いながら喋っていた。

横浜は去年の終盤一番強かったし、中日は陰のエース中里がやっと表に出てきた。

パ・リーグは、野村克也の現場復帰につきる。角川新書の新刊本『巨人軍論』が最高なのだ。氏がかつて本当に巨人ファンだったことが胸を打つ。

（06年4月号）

と言いながら、この年はプロ野球もさることながら、高校野球に夢中になってしまうのだった。

■「最近何観た？」「全部」と答えたい

映画館で映画を年間百本は観たいと目標を立てるが、結局毎年八十本行くかどうかぐらいの数字に終る。年が明けて今年こそ！　と一月はダッシュがかかり十二〜十五本観るがすぐペースが落ちるパターンを繰り返しているようだ。とりわけ昨年は身も心も愛知万博に支配された一年だったので映画離れが甚だしく結局二十七本止まり。友人知人、あるいは妻との映画談議でも「あ、それ観てない」「観逃した」「観ようともしなかった」と、まるでおハナシにならないので年明けは例年にも増してターボがかかり一月は十五本、そうしたら二月は十七本、三月は十九本と馬鹿みたいなハイペースで四月なかば現在で六十本観ています。

別に例年に比べて放送作家業の仕事が減ったわけでもなく、そこそこ忙しくても映画は観ることができる。これは私の数倍忙しい宮藤官九郎さんとも意見が合った。彼も結構、観ている。

三月四月にペースが落ちなかったのは、この時期にロードショー公開されている外国映画の質が軒並み高かったことによる。おそらく今年のベストテンに入る作品のほとんどがこの時期に次々と公開されたのではないか。ゆえに観ても観ても、未見の名作問題作が減らない。

暇にまかせて一番映画を観ていた学生時代は大体年間百五十本前後だった。所属していた映画研究会の友人達の間でも「二百本が壁」とされていた。が今年のペースはそれを上回っている。しかもあえて新作ばかり、旧作はもっぱら家でＤＶＤだ。

外国映画では二月に観た『ミュンヘン』がしばらく暫定一位を走っていたが、三月に入って『ヒストリー・オブ・バイオレンス』があっさりその座を奪い、『メルキアデス・エストラーダの3度の埋葬』が現れ、得点で言うなら0コンマ以下の僅差で抜いたかどうかなんて所に『ブロークバック・マウンテン』がケタ違いの総合力でさらにはるか上の頂点に立ちはだかっているのが現在までの成績表である。まるでフィギュアスケートの大会のようだ。じゃあ今『ミュンヘン』は四位かというと、『プロデューサーズ』『力道山』にぎりぎりでかわされ六位か七位といったところだ。『ミュンヘン』はトリノの男子ショートプログラムの高橋大輔選手みたいなことになっている。

三月にはオスカーがらみの作品が多く『ウォーク・ザ・ライン 君につづく道』は主演の二人が素晴らしかった。しかし『クラッシュ』『シリアナ』は感心できないものであった。この二本、観客をナメている所がある。

映画はいい。そして今、東京の映画館もまた、いい。大きく変わりつつある東京映画館事情についても近々書いてみたい。

（06年5月号）

『ブロークバック・マウンテン』は、監督のアン・リーが前作『ハルク』がコケてしまったことにより、ハリウッドを追われる形で非メジャーの資本で死ぬ気で撮った作品である。この作品で高評価を得たアン・リーはこのあとアジアに凱旋して意欲作『ラスト、コーション』を撮る。『ヒストリー・オブ・バイオレンス』のデイヴィッド・クローネンバーグ監督はこの作品で出会ったヴィゴ・モーンテンセン主演で次作の『イースタン・プロミス』を撮っている。この年は心あるフィルムメーカーたちが復活を果した感がある。

■新社会人、新入生の皆さんへ「鞄のこと」

街を歩く人々の持ち歩く鞄が大きくなっている気がする。鞄の形態はショルダーバッグ、リュックサック、車のついたキャリーバッグと様々だが、何が入っているのかパンパンで重そうなものも少なくない。もちろん私はこの傾向をネガティブなものとしてとらえている。電車内や書店などで邪魔でしょうがないからだ。さらにやや暴論をつけ加えるならば鞄のでかい人は私にはバカに見える。それはなぜか？　数少ない例外を除けば巨大鞄の中に入っているものはおよそ毎日持ち歩く必要のないものばかりのはずだからだ。職業によって多少の違いはあるだろうが多くの場合、書籍や紙資料だろう。実は私もひと昔前は大きなショルダーバッグを持ち歩いていた。中身は原稿用紙や番組の紙資料である。が、ある日こんなものは鞄に入れて持ち歩く必要なし、と判明した。行った先の仕事場にいくらでもあるものだからだ。つまりは、いつ何時でも必要な時に参照できるように、と鞄に入れているもののほとんどは、どうでもいい荷物なのだ。判断の放棄、思考の停止によって人の鞄はどんどん大きくなる、と私は考える。

そして今の私はどんな鞄に何を入れて持ち歩いているのか、明らかにしておこう。二五センチ×二五センチ、厚さ七センチのショルダーバッグ（ヒューゴボス）の中身は以下のとおり。

- 手帳（クオバディス）
- 東京二十三区の地図（ユニオン文庫）
- プロ野球選手名鑑（日刊スポーツグラフ）
- クリアファイル（主に映画館の特集上映や演劇のチラシなど十枚ほど）

・つまようじ入れ（さるや）
・折りたたみ傘（おどろくほど軽いもの）
・新書一冊（今は池田信夫著『電波利権』新潮社）
・筆入れ
・ヘアムース
鞄の中のポケットには、百円ライター（なくした時用）、デジタルカメラ、四色ボールペン、名刺入れ、鏡、くし、Swiss Card（ナイフやハサミなど六点の道具が収納されたカード）

鞄の外のポケット（表側）には、携帯電話（プレミニS）とその充電用コード、携帯ラジオ、江ノ島神社のお守り。

鞄の外のポケット（裏側）には各放送局の入構証（五点）、サウナのタダ券。

以上である。

なぜ晴の日も傘を持ち歩いても無駄ではないかというと、雨の日に余計な荷物（傘のこと）が増える、という考え方をやめた方が何かと段取りがいいと判ったのだ。以前は体温計も持ち歩いていたがこれは必要なしである。


（06年6月号）

現在、新たに加わった定番の持ち物はセブンスターのスペア分である。タスポを作ってなかったので、いつ切れてもいいように。

■仙台で野球を観に行きます（雨じゃなければ）

六月十四日の水曜日はどうやら一日仕事が無いようだ、と気づいたのが五月の中旬。どこかに一泊旅行でもしようかと考え始め、ふとプロ野球の日程表を開くとその日我が阪神タイガースはセ・パ交流戦、フルキャストスタジアム宮城で楽天ゴールデンイーグルスとの試合がある。こりゃ仙台一泊旅行で決まりだ、と予定は立ったのだが、さて試合のチケットはどうやったら取れるのか？楽天は昨年同様、試合成績はまことに悪いが本拠地フルスタ宮城の観客動員力は高い。加えて今や全国的に球場に足を運ぶファンの多くなった阪神を迎えての試合である。ウィークデーとは言えおそらく満員だろう。当日券で観ようという計画は無謀だ。以前、広島への出張がてら広島市民球場で「広島・巨人戦」を観た時は、確か事前に往復葉書で応募する形で入場できるシステムを利用した。今回もそういうサービスがあるかしらとパソコンで調べたら、なんと今の世の中、ローソンチケットなるもので電話予約して、コンピューターに教えてもらった番号を近所のローソンの端末に入力すると仙台の試合だろうが立ちどころにチケットを手に入れることができるのだった。まさに野球観戦のIT革命や～、とひねりのない感想も飛び出たわけだが前述の広島の試合は確か原辰徳がまだ選手だったから軽く十年以上前の思い出だった。昔か！

というわけで夢のチケット「楽天・阪神戦」を手に入れた私は会う人会う人にそれを見せびらかした。「このカードを東京から一番近くで観ることができるのは仙台だからね」「今年から新設された内野席の上段にあるLoppiシートなんだぜ」「ノムさんはじめ、阪神対元阪神の試合だから阪神ファンにはたまらないよ」などなど、まあ私は饒舌に自慢した。「翌日は夜遅くから仕事が入ってるだけだから仙台近辺の秋保《あきう》温泉か作並温泉に寄ってみようかな」相手が聞いてないことまで言い始めた頃、冷静な口調でこんなことを言われた。

「今、そんなに嬉しそうにチケットを見せようとすると、大概の人はワールドカップのチケットだと思いますよ」

そうか、世間はW杯か。以来、人にチケットを見せるタイミングを、わざとW杯の話題に入りかけの時にするようにしたら、人によっては結構、笑いが取れることが判明した。もちろんW杯にのめり込んでる人の前でそんなことはしない。

六月十四日は、現時点において「来週の水曜日」なのでまだ試合は見ていない。とにかく天気が心配である。雨が降っていたら仙台行きそのものも中止だ。週間天気予報ばかり観ている。

（06年7月号）


試合はめでたく阪神の勝利に終った。「負けちゃったけど楽しかったねえ」「また来ようね」と楽天ファンのおばちゃん同士が笑顔で話していた。球場全体が「東北《うち》にプロ野球の球団がある喜び」に包まれているのだった。

■翌日、テレビで隅田川花火大会を観るというオチが

七月某日、また熱海旅行に出掛けた。去年の三月「今、熱海、面白いのでは？」と思い立ち、夫婦で行ってみたら「華街から花のまちへ」という素晴らしいスローガンのもと、男性団体客仕様の歓楽街から女性や若者の個人旅行者に開かれたリゾートへと変貌をとげようとしている、その真最

中ぶりが我々の目と心を奪ったのだった。

そして今回は二人旅ではない。八人旅である。姓《ファミリーネーム》名は全員高橋、私の父と母、長男（私の兄）と妻と娘二人、次男（私）と妻、というメンバーだ。

きっかけは年初に母が父の傘寿（八十歳）を祝う席を持とうと発案したことによる。なんなら近場の温泉に一泊旅行でもどうか、と五月に知らせを受けた旅行計画バカの次男が、わかったすべて自分にまかせてほしいと言って、このプランを立てた。

前述の理由で場所は熱海がベストと考えた。聞けば皆、熱海は初めてではないという。ならば熱海で最も高品位の格式と泉質と湯量をほこる「古屋旅館」。しかも露天風呂付きの部屋を三つ取ろうと計画した。問題は日程で、私としてはぜひ熱海海上花火大会に合せたいのだ。私のスケジュールと照らし合せると、この夏、この花火大会が八回あるうちあてはまるのが七月二十八日しかない。この第一希望のみでＪＴＢに乗りこんだら「ありました」ってんで即決した。

当日が近づくにつれ、熱海の天気が気になってしょうがない。梅雨は明けないし、雨で花火は中止の可能性もある。

祈るような気持ちでのぞんだ熱海は前日の雨が嘘のようにあがった晴天でありました。

宿は部屋も温泉も料理も大満足、皆、よかったよかったという気持ちで、じゃあ花火大会行こうか、と宿から近い海岸に歩を進めていく。「もうすぐ始まりますよ」を意味する空砲がドカーンと夜空に響く中、観覧のベストポイントを探す我々、よし、あのへんあいてるぞ……なんて頃になると、爆発音も連続的なものに発展している。が、しかし夜空を見上げても花火は見えない。もっとむこうでやってるのかなとよくよく見ると、熱海上空が巨大な靄に包まれており、その向うで行灯のように薄く赤や緑が明滅しているのだ。で、爆発音のみすさまじい。私は戦争映画に出てるような感覚にとらわれた。何かむこうで大変なことが勃発しているのに全容が見えない、スピルバーグの『宇宙戦争』の後半のような現場なのだ。私はかえって新鮮な興奮を覚えた。やがて靄がゆっくりと消えて行くと、徐々に巨大な花火が姿を表わしてくる。もう完全に怪獣映画だった。結局面白かったのだ。

（06年9月号）

チェックアウトの時、宿の女将から「きのうは花火がよく見えなくてすいませんでした」と温泉まんじゅうのおみやげを戴いた。なんという心遣いだろうか。

■斎藤佑樹は社会科学部に進学すればキャンパスは早稲田だ

のじぎく兵庫国体閉幕と共に早実・斎藤佑樹と駒大苫小牧・田中将大のふたりの長い長い夏が終った。

早実のOBでもなんでもない私だが、二十年近く早稲田に住んでいるので、西東京大会決勝をテレビで観た時から火がついた。といっても早実は五年前に国分寺に移転しているのだが。今年のセンバツでも投げた斎藤というエースはこんなハンサムで色白の高校生なんだと顔を憶えたのはこの時点だった。

今夏の甲子園は強豪揃いである。「夏」三連覇をねらう、王者駒大苫小牧、松坂以来の春夏優勝をめざす横浜、二年生の怪物スラッガー中田を擁する大阪桐蔭、他にも優勝候補高がゴロゴロいる。

そんな中、早実の斎藤は「試合中、マウンド上でハハハハハンドタオルで汗をぬぐうユニークな選手」という認識に過ぎなかった。

しかも組み合せ抽選の結果早実は二回戦ではなんと前述の強い強い横浜と大阪桐蔭の勝者と戦うことになるではないか。というわけで私はその試合を観に甲子園に行くことにした。一回戦を勝ち上がった早実対大阪桐蔭戦、私は横浜が優勝するんじゃないかと思ってたので、早実は負けてしまうんだろうなと思いながら一塁側内野席にいた。実際に甲子園に来てみると、テレビで報じられるイメージよりも、ずっと陽性の歓喜と誇りに満ちあふれた場所だとわかる。「涙」の印象はかなり薄い。

試合開始のサイレンがまだ鳴っている中、初球をとらえた早実のリードオフマン川西が出塁、四球などをはさみ船橋のタイムリーであっと言う間に早実は先取点をもぎとる。そして斎藤は初回から三振の山を築いていき、結局、横浜をボコボコにした大阪桐蔭をボコボコにして十一対二で大勝。この試合を見て今大会は田中VS斎藤の大会になると確信した。翌日の八月十三日にフジテレビの「スタ☆メン」のプロデューサー氏に「早実の斎藤という投手はどえらい人気者になりますよ」と告げた。その時は「そうすか」くらいの返事だったが、その後の一週間で世はハンカチ王子フィーバー一色となり、翌週二十日の当番組のオープニングVTRは「斎藤くんVS田中くん」となった。

結局、準決勝も観に行った私は、斎藤佑樹の写真も大量に撮った。素晴らしい早実ブラスバンドの演奏もMP3でステレオ録音し、久々に日焼けもした。

斎藤投手は神宮球場での登板まで、どうかひたむきに普通の生活をしてほしい。早大進学でスポーツ科学部なら所沢キャンパスだが、もし社会科学部を選択したら早稲田キャンパスだ。早稲田で

はメルシーのラーメンとメーヤウのカレーがおいしいよ。（06年11月号）

都庁での優勝報告会や、早実の王貞治記念ホールでの「プロ入りを希望しない旨」の記者会見などに報道陣やファンが押し寄せたいわゆる「ハンカチフィーバー」、その中での今後の予定は？　の質問に斎藤は文中に引用した「ひたむきに普通の生活をしていきたいです」という回答をしていたのだ。

斎藤佑樹関連本も出版ラッシュとなったが、私は全部購入している。

■城崎で「城の崎にて」を読んだのは私で何人めか

十月の終りから十一月にかけて、単身二泊三日で城崎温泉に出掛けてきた。初めての城崎である。旅行カバンには新潮文庫版の志賀直哉『小僧の神様・城の崎にて』も入れてみた。この歳にして初めて読む。

そもそもなぜ城崎を選んだのかというと、寝台急行「銀河」にハマってしまった事が大きい。今夏、甲子園行きに使ってみてたちまち虜となった「銀河」とは東京駅を発つのが午後一一時〇〇分、終点の大阪駅着が翌日の午前七時一八分、絶妙な運行ダイヤの寝台急行だ。仕事が夜十時に終っても間に合う「銀河」に乗れば大阪からひと足伸ばしても時間的に余裕のある旅行ができる。有馬温泉じゃ近すぎる。鳥取砂丘だと帰って来るのが大変だ。すると大阪から特急で二時間四十分の城崎温泉がちょうどいい。帰りは山陰本線で京都まで二時間半、新幹線で帰れば私の好きな〈行きと帰りで違う電車に乗る旅〉の完成だ。温泉ガイドなどで知る城崎の印象は昔ながらの日本旅館が軒をつらねる、情緒豊かな温泉町で外湯も充実、湯めぐりを楽しむ浴衣姿の観光客でにぎわう、カニと文学の温泉地、といったところか。私はこの中で〈昔ながら〉と〈温泉町〉と〈外湯〉に強く魅かれる。旅館があって小学校があって食堂があるなんていう温泉地が好きなんですね。しかし〈にぎわう〉が過ぎるのは考えものだ。〈カニ〉は大人気の松葉ガニは十一月からがシーズンである。旅行代理店で確認すると、今年の解禁は十一月六日とか。じゃあギリギリ混んでない時期すべり込みセーフと城崎行きを決断したのだ。

城崎温泉に到着したのは翌日のまだ午前十一時、旅館のチェック・インまでゆっくり過ごせる。外湯「さとの湯」につかり、みやげもの屋をのぞき、ロープウェーで展望台に登る。いい町である。シャッターの閉まった店が無い。温泉地全体が健全経営している佇いだ。温泉寺は手の届く所にクモの巣があり、思わず観察してみたりした。町のちょっとした水たまりにメダカもいた。宿につき昼寝して入浴して部屋にて夕食。秋の虫の声をききながら紅ガニ、但馬牛、日本海の魚などを堪能。部屋食なので洗面器に水を張り、フィンガーボウルがわりにしてカニをバリバリ食べた。そして外湯めぐりだが、すべての外湯に無料の貴重品ボックス、靴箱が完備しているのに感心した。「まんだら湯」「御所の湯」「一の湯」と巡り、それぞれ個性を打ち出したデザインワークを楽しんだ。

宿に帰り「城の崎にて」を読んだら志賀直哉も城崎で虫や小さな生き物を観察していて、何だか嬉しくなりました。

（06年12月号）

十一月が近くなると、関西の書店はどこも皆店先がオレンジ色になる。「カニ特集」の雑誌がズラリとならぶからだ。

昼下りの洋二

■映画『ALWAYS　続・三丁目の夕日』の舞台は昭和三十四年の日本橋だそうです

昭和ブームが続いている。テレビドラマでは松本清張ものが人気で、〇七年は木村拓哉主演の山崎豊子原作「華麗なる一族」がスタートする。

〇六年の映画賞を総なめにしそうな『フラガール』も昭和四十年が舞台だった。他の作品でも昭和にタイムスリップしたり、昭和から現代までの女の一代記など昭和がらみの作品が目立った。〇五年に『ALWAYS　三丁目の夕日』が大ヒットしたことと無縁ではないだろう。「昭和」はヒットの法則に組み込まれたのだ。ラーメン店や居酒屋でもニューオープンの店で「昭和風」のものはもうあちこちにある。流行というより確立したひとつのスタイルとして定着したかのようだが、この手の店、大半がただわざとらしいだけで落ち着かない。そして同様の違和感を前述の映画『ALWAYS』にも感じていたのだ。

出版界でも「昭和本」はひきもきらない。そんな中『「昭和力」検定ドリル』（世界文化社）という新刊本が目に止まった。テレビやマンガ、世相、スポーツなど二十八のジャンルで十二問ずつクイズが出題されるのだ。立ち読みで「ウルトラシリーズ」を解いてみたら割と歯応えのある問題もあったのだが（問・アントラーが出現した伝説の都市は？　答・バラージ）全問正解したので気分が良くなって購入してしまった。

昭和風の内装のラーメン店に気分を害し、昭和クイズに正解して気分が良くなるのはどういうこと？　と思われるかも知れないが、それは当然の事なのだ。
年齢の如何に拘わらず、人が「懐かしい！」と言う時は、常にその人の持つ記憶と直結していなければおかしいだろう。これが私の意見だ。自分が生まれる前の風景を見て「懐かしい！」は日本語として正しくないと考える。「温もりのあるいい時代だったのね」ならまだよしとしよう。しかし、前述のマーケティングによる「昭和」は、あくまで現代人が「いいなあ」とイメージする昭和の風景ってこんなかんじじゃないのかな、と制作者側が再構築したものである。つまり作り手の姿勢によって再現される昭和はまちまちなものとなる。優香主演のホラー『輪廻』は七〇年当時のリゾート地を完璧に再現していた。西田敏行主演の〇二年作品『陽はまた昇る～VHS開発物語』は、逆にノスタルジー映画にしたくないと、あえて舞台となる七六年当時の再現は最小にして作ったという。これも優れた作り手としての姿勢だ。
私は私の記憶の中の昭和があればいいので、去年と今年、今年と来年の風景の違いを目に焼きつけながら生活していくのだ。

（07年1月号）

昔の街の風景のCGでの再現能力が最も優れている映画は〇七年のデイヴィット・フィンチャー監督作品『ゾディアック』ではなかろうか。

■北は雄大な山々と温泉、南は南で実にユニークな群馬県

年明けは一月の四日から二泊三日で群馬県の四万温泉に出掛けた。念願の四万は泉質、湯量共に

極上で、投宿旅館、四万やまぐち館の大小の風呂をはじめ、元禄四年創業、積善館の息を呑む歴史的建築浴場、元禄の湯などに立ち寄り、湧きたての温泉にたっぷりつかってきた。ガイドブックにはあまり紹介されてないが、温泉街の上流に位置する四万川ダムの景観も圧倒的で素晴らしい。歩いて至近距離まで近づいてみると、いつの間にかまわりに野猿の群れが現れ、こちらをチラチラ見てるのでちょっとコワくなって退散したりと、都心ではありえない体験の数々を味わった。

三日めは近場の沢渡温泉か川原湯温泉などに寄りながら帰ろうかなと計画していたのだが一月六日は例の爆弾低気圧の影響で朝から吹雪。こりゃ一刻も早く山から脱出だってことになり、温泉めぐりは中止にした。

山から降りてくると雪は雨に変わっている。そこでプランを練りなおし、太田市を見物することにした。群馬県の南に位置する太田市は近頃何かと話題の地方都市である。ハンカチ王子、早実の斎藤佑樹の出身地として全国にその名を広めた太田市は、一方でB級グルメの間では、ソース焼きそばが名物の街として注目されている。

そして更にもうひとつ、駅前の一大商店街が大変めずらしいことになっている街として一部の好事家を魅きつけてやまないという。

元々は一般市民がショッピングを楽しむ商店が並んでいた駅前のメインストリートがここ数年の間に、すべての店舗が風俗店へと姿を変え、北関東最大の夜の歓楽街が完成されている。

完成のプロセスには、郊外にSC（ショッピングセンター）が次々と建設されてきたことが大きく関わっている。その間、少しずつ商店主が風俗店に店舗を貸す形で歓楽街化は進行していったという。「イオンが建つと地元の商店街はまるごとつぶれる」とさえ言われる巨大SCイオンも太田市に建ったが、歓楽街のネオンはイオンにも消すことはできないというわけだ。

雨の午後、全く人がいない巨大風俗街を一周した後、イオンにも行ってみようとバスに乗った。乗客は小学生の三人組と女子中学生の四人組ぐらい、お年玉で何か買うのだろう。このイオン行きのバスは駅前を出ると風俗街を走ることになる。小学生は車窓から看板を見て「なんだ？『スーパー料亭天女』って」「すごいなこの『セクシーパブ越後屋』」とはしゃぐ。

着いたイオンは駅前と対照的に人波にあふれていた。

帰りに駅前の店で食べたソース焼きそばは最高に旨かった。


現在、この歓楽街も店舗縮小の方向で動いていると聞いた。富士重工の街である太田市に今後も注目していきたい。太田市の手みやげの定番「スバル最中《もなか》」はスバル360の形をした最中である。

（07年2月号）

■DVDやTVの映画チャンネルはカウントせず映画館で何本観たか？

私は去年、本誌八月号で〇六年は年間二百本を目標に映画を観ると宣言した（本書巻末収録の「映画館ガイド」のこと）。学生時代に届きそうで届かなかった数字に再チャレンジの意味と、あえて新作を中心にその位の数を観てみるとどんなことになるのか試してみたかったからだ。

宣言した六月末の時点で九十六本だった。下半期は若干ペースを上げなければならない。七月は十七本、平均的なペースだがまあいいだろう。ところが八月、高校野球に夢中になってしまい映画館でなく甲子園に通ってしまった。八月十日からの十二日間、一本も観ていないなどあって合計で八本というていたらく、残り四ヶ月が平均ペースでも十一本も足りない計算となる。やはり二百本は壁なのかと一瞬あきらめかけたが、私はまわりの人間に「二百本観賞」のことを吹聴して回ってたのでこれじゃいかんと九月は二十三本、十月は二十五本観て、これまでのマイナス分を挽回。結局十二月二十九日に観た、桃井かおり初監督作品『無花果の顔』で二百本に到達した。やりましたよ皆さん。

仕事の量だって例年並みだし、旅行にも行ってるしプロ野球にも足を運んだ。なのになぜ前年の倍以上の本数をこなせたかと考えると「今日こそは映画を観るぞ」という気持ちを毎日持ったからだろうか。あと映画は観れば観る程、新たな観る動機も発生する。例えば一月に観た『カミュなんて知らない』（監督・柳町光男）で黒木メイサってすげえ可愛いなと思えば、新作を観るのは当然で、六月に『着信アリＦｉｎａｌ』、十月に『ただ君を愛してる』を観るわけだ。特に〇六年は若い女優が優に十人以上同時ブレイクした年で、彼女たちの活躍を観察するだけでも価値のある年だった。堀北真希はどんな役でも滅法上手い。上野樹里は普通の現代女性は上手いが、戦時下のヒロイン役などはまだ苦手だったり力量のない監督作品では力を発揮できない傾向がある。

そして何が楽しいって、各映画賞や、映画雑誌の決算号である。賞に関わったりベストテン、ワーストテンに入る作品をすべて観ているのは初めてのことで実に気持ちがいい。

概して日本映画は方言を大切にしている作品に名作が多く、逆に大手テレビ局が作った空疎な作品はそろって方言がいい加減だ。洋画は低予算のアメリカ映画、音楽もののドキュメンタリーに当りが多い。

さて二百本、今年はどうする？　正月早々テレビのスポーツ特番でイチローが「毎年二百本安打を越えなきゃいけないというプレッシャーは相当なものです」と答えていたのを観て、今年も二百本観ますとここに宣言します。二月十七日現在、三十三本です。

（07年3月号）

〇七年は二百一本観て、二年連続で二百本観賞を達成した。が、しかし「この映画、つまらないだろうな」と判ってて観て予想通りだった、ということを結構な数こなさないと二百本は無理であることが判った。なので〇八年は百三十一本に終った。

対談1

渡辺鐘（ジャリズム、世界のナベアツ）

×高橋洋二

高橋洋二　渡辺鐘《あつむ》さんとは、ジャリズムの解散後に放送作家の仕事をし始めたころからの付き合いがあって、本書にもちょくちょく登場しています。その後、ジャリズムも再結成して、昨年〇八年にはピン芸人の「世界のナベアツ」として完全にブレイクしながら、放送作家の仕事もつづけている、ということで、ここでは芸人と放送作家を両立させている渡辺さんにいろいろとお話をうかがいたいなと思います。今日は放送作家の格好で来ていただいたんですね。

渡辺鐘　そうですね、フツー、ですね（笑）。

高橋　渡辺さんと私は、TBSラジオの同じ帯の番組をお互いに担当しています。深夜一時から三時までの「JUNK」で、私が火曜日の「爆笑問題カーボーイ」と木曜日の「アンタッチャブルのシカゴマンゴ」、鐘さんが水曜日の「雨上がり決死隊のべしゃりブリンッ！」。鐘さんはその収録の前日に打ち合せをしているので、毎週制作フロアですれちがうんですね。で、おととしぐらいから、こないだの〇〇ではウケてましたね、とかレギュラー増えましたね、なんていう話をしてたら、ある日髪型とスーツをばっちりきめたナベアツの格好で打ち合せをするようになっていて。

渡辺　ははは。一回ありましたね！

高橋　ああ、そうなったかあと思って。で、次に見かけたときには、ディレクターさんと向かい合った姿勢のまま寝てましたね（笑）。

渡辺　そうですねえ。

高橋　そのうち「べしゃりブリンッ！」のオンエア中に「寝ているナベアツを起こす」という企画があったり。

渡辺　あれは本番前に早めに入ってスタンバイOKになって、あと十分なにをしようか、というときに……落ちてしまったんですよね。ディレクターが意地悪して起こしてくれなかったんですよ。

高橋　それで急遽はじまったと。ただ、結果はグズグズでしたね（笑）。

渡辺　ちょっと前に起きちゃったんですよね。足がしびれて仕方がなかったんで。

高橋　という具合に、ここ数年、渡辺さんが忙しくなる過程をかなり細かいスパンで見せていただきました。最近はいかがですか。

渡辺　最近はオードリーの擡頭により（笑）出るほうは少し落ちついてますね。想像するに今オードリーの二人は吐きそうになってるやろなと思うんですけど。
高橋　吐きそうだったんだ（笑）。
渡辺　「俺は全然忙しくない」って自分に呪文をとなえるというか、言い聞かせてました。

二つの謎が解明

高橋　本文を読んでの感想はいかがでしょう。
渡辺　はい、前から僕が思っててなかなか聞きづらかった高橋さんの謎が二点あったんですけど、それが解明されました。
高橋　おお。では、一つずつ教えていただけますか。
渡辺　ひとつは……オールバックですね（笑）。
高橋　初めて会ったときはもうこの状態でしたかね。
渡辺　そうですね、もうちょっと長いオールバックですかね……だんだん短くなってきて……今よく見たらまた長くなってますね。
高橋　もう髪を切らないといけない臨界点を超えてます。なので、もう一つの対談（爆笑問題）の時には散髪したばかりのオールバックになっていると思います。
渡辺　そうですか（笑）。本文に風呂上がりにすぐオールバックにした話が出てきますけど、やっぱり見られるのはイヤなんですか。
高橋　照れくさいのがどうしたら一笑いになるかと。短時間でオールバックにすることでちょっとしたサプライズを提供する（笑）。
渡辺　たしかに文面から「ただ恥ずかしいだけじゃない」という意志は感じました。恥ずかしい云々でいうと、僕のヒゲも同じことがあるんです。それに本文にある高橋さんがオールバックにし始めた話と、僕がヒゲを生やしだしたエピソードも結構似てるんですよ。
高橋　へえー。
渡辺　仕事がヒマな時期に無精ヒゲを生やしてて、仕事が入ったときに下だけ剃ったんですよ、上だけ残して。それで「あ、これええかもしれんな」と思って。それで伸ばしはじめたんです。
高橋　ナベアツ前夜の話ですね。じゃ、ヒゲありきであのスーツということですか。

渡辺　そうですね。それでずっとヒゲ生やしてると、もう恥ずかしくて剃れないというか……ヒゲ生やしてるタレントさんて、ずっとヒゲのままじゃないですか。

高橋　大竹まことさんとかね。

渡辺　たぶん剃るのはパンツ脱ぐぐらい恥ずかしいことなんやろうなと。で、高橋さんのオールバックもそうちゃうんかなと思ったんです。

高橋　そうかもしれないですね……二点めはいかがですか。

渡辺　奥さんとの関係ですね。

高橋　一度うちの奥さんとゴールデン街の渚ようこさんのお店で会ったことがあるそうですね。

渡辺　ええ、取材で行ったら奥さんがカウンターにいはって、声をかけられて。「高橋の妻です」と紹介されて。わあ、すごいなと思って。

高橋　ははは。

渡辺　今回の本では奥さんのビジュアル面が一切紹介されていないですが、読んではる人にお伝えしたいのは、まあ簡単に言うと……目上の方に失礼ですけど……「高橋さんに似合わずイイ女じゃん！」というか（笑）。若い頃の高橋さんは相当魅力があったんかなと。

高橋　そうそう。

渡辺　そうそう、て（笑）。で、そんな奥さんがいて、高橋さんが旅好きというのはよく聞いていて、さらに単独行動が多いでしょう。だから夫婦仲はどうなってるんかなと思ってたんですけど、この本を読んで「あ、たまに二人でも旅行に行くんや」と思って、なぜか安心しました。

高橋　それは良かったです。

渡辺　でも、読み進めていくうちに「あれ、これ一人旅多いぞ」と（笑）。夫婦の距離感はどんな感じなんですか。

高橋　仲はすごく良いですよ。毎晩、映画とお笑いの話をしてます。あと彼女も単独行動派なんですよ。最初は映画も一緒に観てたんですけど、彼女も自分と同じくらい本数を観るし、同じくらい忙しいので、お互いがお互いのスケジュールで観るというスタイルになりましたね。映画館でばったり会うということがしょっちゅうあります。

渡辺　高橋さんとしては楽なスタイルなわけですね

……それは世間とかけ離れているという感覚はお持ちですか（笑）。

高橋　世間はどうかは知らないけれど、これが我々のスタイルだということですね。

渡辺　でも、相当いい関係ですよね。

高橋　ありがとうございます。実はその私の妻（イラストレーターの篠崎真紀）は〇八年の「ａｎ・ａｎ」（10月1日号）のコラムで「一緒に××したい男」の一位に世界のナベアツを掲げていますよ。

渡辺　ああ！　憶えてますよそれ。ありがとうございます。

高橋　「一緒にお笑い番組を見ながらお酒を飲みたい男」として。

渡辺　これは飲むしかないですねえ。

うらやましい

渡辺　あと、僕の名前が登場する回（本書11頁）で「うらやましいっす」て言ってますけど、他のページ読んでもそう思いましたよ。

高橋　というと？

渡辺　高橋さんの周りでは面白いことがいっぱい起こるなあ、と……旅行の帰りの新幹線からタイヤ工場大炎上を目撃するとか（笑）。

高橋　かなりびっくりしたことが伝わりましたか。

渡辺　なんでそんなこと起こんの、ええなーと思いましたもん。

高橋　ちょっと聞いてみたいんですが、この本で私は「自転車はきらいだ」とか「でかいカバンを持っているやつはバカだ」とか色々な意見を書いてますけど、「これは違うだろう」と思ったことってありました？

渡辺　うーん……むしろ、高橋さんは二十四時間の使い方がものすごくうまいなと感心したんですよね。こんなスキマ縫ってやってはるんや、って。前から朝まで台本書いて大変やなと思ってたんですけど、さらに映画観て旅行に行って……異常なスケジュールですよね。

高橋　それは俺も読みかえして思いました。こいつ浮かれてるなって（笑）。でも、異常なスケジュールということで言えば俺をはじめ多くの人々が今の鐘さんに同じことを思っているでしょうね。

渡辺　そうなんですけどねえ……あ、「これはないな」と思ったことがひとつありました。〈粥ブーム〉ではない（笑）。

高橋　なかったねー。

渡辺　高橋さん振りすぎたなと。粥はメインと違いますもん（笑）。

高橋　断言したがりという傾向はありますね。あと私がへべれけになった時に鐘さんも立ち会われたことを書いてますが（60頁）、あれは記憶にあります？

渡辺　あのときは席が離れてたんですけど……高橋さんの笑い声って結構高いじゃないですか。それが通常よりキーが四つ上でしたね。

高橋　そうでしたか（笑）。誰と何のことで笑ってたかが全く思い出せないけど。

渡辺　宮藤（官九郎）さんと話してましたね。あの日は朝七時頃まで呑んでたんですが、その日に宮藤さんは日本アカデミー賞の授賞式に行ってるんですよ。『GO』の脚本賞で。

高橋　ああーそうだった。

渡辺　高橋さんの面倒見たあとに（笑）。僕の思い出は二つがパックになってますよ。宮藤さん『GO』脚本賞もらった＋その前日高橋さんの面倒見てた、という。

高橋　それはまた本人に聞いてみよう（笑）。

放送作家として

高橋　「昼下りの洋二」の第一回目は鐘さんが放送作家デビューする現場の話になってますが、そもそもどういうきっかけで放送作家になったんですか？

渡辺　ジャリズムを解散して、芸人をお休みしようとしていたときに、以前に芸人時代に出た番組のプロデューサーが心配してくれて電話を下さったんです。「作家の仕事をしている」と聞いたということで。それが「ポンキッキーズ」プロデューサーの清水（淳司）さんで。それで番組に誘われて、という流れですね。

高橋　「ポンキッキーズ」の一コーナーで爆笑問題が出演する「爆チュー問題」ですね。そこから私と二人で構成を担当するようになって今に至ると。じゃあ、「爆チュー問題」以前にも放送作家業はしていたんですか。

渡辺　ひとつだけやってました。九九年ごろの「快進撃TVうたえモン」というすぐ終わった番組なんですけど。ロケ台本みたいなものを書いたんですが、使われなかったんで、実質的にデビュー作は「爆チュー問題」ですね。

高橋 テレビ台本の書き方とか困ったりしたことありました？

渡辺 加藤（智久）さんが書いた台本をチラチラ見ながら書いてました。

高橋 わかるわかる。僕も放送作家なりたての頃に「てるてるワイド」の他の曜日の台本を持って帰ってましたから。

渡辺 最初ナレーション原稿の書き方とか全然わからなかったですけど。

高橋 ナレーション原稿は難しいですよね。聞いた話だと、あれは奥が深いらしいですね。

渡辺 僕は大嫌いです（笑）。

高橋 私もです（笑）。ナレーション原稿についてはパッキリ分かれますね、放送作家は。我々お笑いサイドは、まあ嫌いだよね。

渡辺 ほんまそうですねえ……出来る人は素晴らしいですけど……ディレクターさん、やってよ（笑）というのが本心ですね。

高橋 最近はディレクターがやることも多いみたいんですね。「アメトーーク」でもナレーションを書いたりするんですか？

渡辺 あ、全然振られることはないですね。

高橋 それはやっぱり分業がよく出来てるなあと思いますね。

爆笑問題に長年コントを書いている二人

高橋 ここで爆笑問題に長年コントを書いている作家同士ということで話をしたいんですが、漫才でもコントでも、俺の癖というか傾向は田中くんで笑いを取る、っていうのがあるんですよ。田中がひどい目にあって笑うというような。鐘さんはどうですか？

渡辺 そうですね、「爆チュー問題」の世界の中では田中さんがひどい目にあうというのが一般的ですしね……僕の場合は、高橋さんとは違うことを、というのは考えてますね。

高橋 あっそうですか。

渡辺 ええ。二本撮りの時は一本は高橋さん、もう一本は僕、ということが多いですけど、ディレクターに高橋さんのはどんな感じですかって毎回聞いてますよ。

高橋　俺も聞いてますよ（笑）。あーそうきたか、面白いなということが多いです。前に御猪口《おちょこ》がパラボラアンテナになって世界中の番組を受信できるというコントを書かれていて、自分には無い発想だなと思いましたよ。夢があっていいなあと。

渡辺　子供さんが観る番組なのでそこは意識してますね。褒めあいみたいであれですけど、高橋さんが書く台本とか文章はほんと大好きなんですよ。

高橋　ありがとうございます。

渡辺　すっと入ってくるというか。ラーメンでたとえるなら、すっと口に入ってくるけどコクがある名店の味ですね。で、僕のは天下一品やと思うんです。

高橋　なるほど（笑）。

渡辺　こってりスープなんです。元々そういうカラーなんで、そのままでいいかなあ、と思ってるんですけど……まあ、天下一品自体も好きやし。

高橋　できれば本店の天下一品ですよね（笑）。あと、鐘さんのは芸人の生理がわかっている台本だなと思ったことがあるんです。安田大サーカスがゲストで出た回なんですけど。

渡辺　全然憶えてないですわ。

高橋　安田大サーカスのヒロが突然前に出て、かっこいいヒーローめいたことを言い始めるんだけど、長い台詞が全然言えないから団長が隣でいちいちコソコソと教えるというくだりがあって。あれは僕には思いつかないですね。「作家が思いついた面白いフレーズを言わせる」以上のことが出来ないかな、といつも考えてるんですけど。

渡辺　まあ、あの場合はヒロくんが絶対に言えないのを利用しただけという感じですね（笑）。

高橋　いやあ、すごいですよ。

渡辺　ありがとうございます……褒められるのは嫌いじゃないので（笑）。

高橋　褒めあい、いいですね。

渡辺　褒めあってることがわかってる褒めあいはいいですね。

芸人として

高橋　最近では、私が構成担当で鐘さんが出演する側というパターンもちょくちょくありますね。「爆笑問題カーボーイ」で〈二時二十二分二十二秒〉というコーナーがあって、それはデジタル時計に同じ数字が並んでると喜ぶ田中という所から発想したものなんですが、そのスペシャル企画として鐘さんをお呼びして〈三時三十三分三十三秒〉をやったんですよね。そのときに発表された、ちょっとした奇跡の話はその後鉄板ネタになりましたね。

渡辺　公園でロケをしてたら、子どもが寄ってきて「1、2」って言ってきたやつですね。そのころは「3でアホになる」ネタも有名じゃなかったですし、ましてや子どもが、と思ってボーッとしてたら、その子どもが「1、2、……やれよ」って言うんですよ！　思わずイラっときてたら、後ろでその子のお母さんが笑ってたりしてたんで、それにも腹がたって、ついその子に「お前がやれよ！」って言うてもうたんです（笑）。で、子どもが「お前がやれ！」と返してきて言い合いになったと。

高橋　ははははは。

渡辺　そこに少年野球のメンバーがランニングしてきて、背番号3の子がおったんで、それをつかまえて「3！」ってやったんです。そしたら、むっちゃスベったんです（笑）。そういう話ですね。

高橋　あと、去年〇八年の「ボキャブラ天国スペシャル」もそうでしたね。あのとき印象に残っているのは、オンエアではカットされてましたけど、昔からボキャブラに出ている幹てつやさんがスタジオのひな壇トークでスベっているのを若手の席から鐘さんが怒号をあげて一喝したじゃないですか。

渡辺　怒号でしたね（笑）。

高橋　あれは面白かったなあ。幹てつやさんは鐘さんとほぼ同世代ですけど先輩ですよね。

渡辺　もちろんすごい上の方です。三枝師匠のお弟子さんで。

高橋　本気でイラついてたんですか？

渡辺　本気は……半分ぐらい（笑）。ただあの怒号は、僕がボリュームを間違えたせいもありますね。本気を上乗せしすぎて。周りからよくぞ言ってくれた感はすごいありましたよ、全員が思ってたことなんで（笑）。はよ帰れ、と。長いねん、と。あと過去に幹てつやさんはそんなことでは怒らないとわかってましたんで。

高橋　さすがですね。

渡辺　むかし大阪のある番組で幹さんのことをボロカスに言うたことがあるんですよ。その番組には幹さんも出てたんですけど。で、ああ言い過ぎたなあ、と思ってたら、後日劇場の楽屋で幹さんが「俺のこと言ってくれてありがとう」ってワイン持ってきてくれたんですよ（笑）。

高橋　ははは！

渡辺　えーなんで？って（笑）。そんなこともあったんで大丈夫やなと。

リスナーのレベルの高さ

高橋　こないだ鐘さんが構成をしている「べしゃりブリンッ！」で「アメトーーク」の企画を募集していましたけど、本当にそのまま使えるものが多いのに驚きましたね。

渡辺　ほんとにすごいです。企画として成立しているものばっかりなんで、思わずリスナーに「変化球ちょうだい」って呼びかけたぐらいで（笑）。とんちんかんなこと書いてくる人はほとんどいませんね。

高橋　常連の中にはお笑い的に即戦力になる人がものすごくたくさんいますよね。

渡辺　いますいます。よくラジオネームのあとに「（作家志望）」って書いてあったりしますけど、なったらええやん！て思いますよ。

高橋　でも放送作家になる道筋って偶然の産物みたいなところがあるじゃないですか。

渡辺　ああーたしかに。高橋さんの場合もそうですもんね。あとレベルが高い、ということでは、自分の中で形にならないネタがリスナーの投稿とかぶることもあります。

高橋　昔よりもリスナーと自分が一体化してるというか、同じものが好きな者どうしだな、と感じることが多いですね。観てる番組が一緒とか、いま注目している芸人が一緒とか。先週とかは夙川アトムのネタがやたら多かったのも俺とぴったり重なってるし（笑）。「爆笑問題カーボーイ」の構成を一緒にやってる野口悠介も元々ネタ職人なので、ときどき時々自分のネタをまぜることがあるんですよ。

渡辺　僕もたまにありますね。

高橋　ありますか！　実は私もあるんです（笑）。これは本人にもまだ言ってないんですけど、ペンネームで笑わせるパターンで「中野五中ＯＢ（嘘）」というのが採用されたんです。これは田中くんは絶対食いつくなと。彼は中野八中出身者なんですが、出身者は誰だとかすぐ言いたがるんですよね、地元愛が強いから。太田くんはそれを分かってるんで「中野五中ＯＢ」まで読む。そしたら案の上田中くんが「お、そうかー、あそこのＯＢは誰々がいて……」と自慢して「それがどうした」の空気が漂ったあとに「（嘘）」と言ったら、「えええーーっ、なんでそんな嘘つくんだよ」って田中くんがすごく悲しんだんです（笑）。俺は「やった！」と。単行本刊行記念ということで告白しておきました。

高橋　でも鐘さんみたいに芸人と作家両方つづけている人ってあまりいないですよね。

渡辺　そうですねえ……あとは木村（祐一）さんとか。

高橋　逆に言うと最近の芸人さんって芸人脳のほかにスタッフ脳というか構成者脳がある人が多いですね。これからも放送作家の仕事はつづけるんですよね？

渡辺　ジャリズムを再結成をしてからは相方にも失礼なので一応増やさないようにしてますけど……でもやりたい仕事なのでやらせてもらってます。ただ、我ながら「ＳＭＡＰ×ＳＭＡＰ」のビストロスマップに出たあとにラジオ局でリスナーのメールを選んでるときは「この落差なんやねん」と思うときはありますけど（笑）どっちもやりたいことなんで、月並みですがこんな幸せなことないなと思いますね。ゆくゆくは自分の番組を自分で書いて、というのもやってみたいです。

高橋　そのときにはまたご一緒できたらいいですね。

（二〇〇九年三月十七日／赤坂・ＴＢＳ会議室にて収録）

深夜もオールバック

私家版放送作家二十年史

一九八四年、一月一日付けで、私は放送作家としてプロデビューした。東京・四谷のラジオ局、文化放送の「吉田照美のてるてるワイド」（月〜金、夜九時〜十二時）の木曜日担当、そしてこのワイド番組内で毎日十分ほど放送される、いわゆる帯番組のひとつ「近藤真彦・マッチとデート」、この二本が最初のレギュラーであった。当時の年齢は二十二歳、法政大学に籍を置く学生ではあったが授業には全く出ないで、所属する映画研究会の部室でゴロゴロしてばかり。そんな駄目学生が行きつけの飲み屋で知り合った人の紹介がきっかけでとんとん拍子に話が進んでこうなった。

二浪してたのでまだ大学二年生ながら、現役合格している同い歳の者よりも三ヶ月早く社会人になったぞ！　というつまらないところにも満足感を覚えたものだった。

というわけで放送作家生活二十周年を記念して、私がこの二十年間に見た様々な放送作家たちを思い出していこうと思う。お世話になった方、叱っていただいた方、追い抜いていった方、煌《きらめ》く才能をお持ちの方、バカの方、いろいろだ。

前述の「てるてるワイド」は曜日ごとに担当作家がひとり就き、台本を書くこと以外にも生放送中に喋り手の吉田照美さんの向かいに座り、指示を出したりいいタイミングで笑ったりと、仕事内容は豊富だ。月曜日は長谷川勝士さん。テレビでも「11PM」をはじめ数々の番組を抱えている方で、局内では「巨匠」と呼ばれていた。中には「この一千万作家！」と、年収で呼ぶ者もいたが、私はある時長谷川さんが「もう二千万なんだよな」と小声で言っていたことが印象に残っている。この人はとにかく書くのが速い人で、照美さんがオープニングで早口でまくしたてる軽妙なトーク台本を、一字一句、喋るよりも速いスピードでノンストップで書いていた。ディレクターにどうしてそんなに速く書けるのかときかれ、「考えずに書くんだよ」と答えていた。

火曜日は、宮沢章夫さん。私はこの人の弟子のような形でこの世界（放送界、出版界、演劇界）に入った者なので一番お世話になっている。宮沢さんも当時はテレビバラエティで大活躍していて「天才たけしの元気が出るテレビ」などで数々の超くだらないアイデアを連発、当時の若い作家たちのド肝を抜いていた。また舞台においては、シティボーイズ、竹中直人、中村ゆうじ（現・有志）、いとうせいこう、布施絵里（現・ふせえり）らによるユニット「ラジカル・ガジベリビンバ・システム」を立ち上げ、作・演出家として《スタイリッシュな大爆笑作品》を連発、私はそこで演出補として追加のギャグを考えたり、サントラが好きだからBGMの選曲を手伝ったりしていた。

水曜日は、今は亡き加藤芳一さん。八〇年代後半の放送界の「笑い」を実質的に牽引していたのはこの加藤さんだと断言できよう。「オレたちひょうきん族」「ごきげんよう」などで当時のメジャーな笑いも作り出しつつ、深夜番組の「冗談画報」で、今まではテレビが取り扱わなかった領域の笑いや音楽を次々と放送に乗せた。宮沢さんの「ラジカル〜」や、もっと先輩の放送作家の喰始《たべはじめ》さんが結成したばかりの「WAHAHA本舗」の舞台も一部ではあるがこの「冗談画報」で上演され、より多くの支持を得ていくことになる。加藤さんの一連の、新しくてすごく面白い奴を見つけ、然るべき道をつけるという作業により世に出た人は多く、久本雅美さんや柴田理恵さんをはじめ、今をときめく松尾スズキさんも宮藤官九郎さんも、キャリアの初期に加藤さんに「見つけられた」人達なのだ。また伝聞ではあるが、のちに「SMAP×SMAP」「笑っていいとも！」を手がけるフジテレビの荒井昭博さんがまだ若手ディレクターだった頃、氏は加藤さんにテレビにおける笑いの作り方を酒の席で懇々と説かれたという。現在の荒井さんの番組で、いかに出演者が現場で伸び伸び仕事ができるかということに注意が払われているのもそのためだろうか。加藤さんの功績は計り知れない。九五年没。

とんで金曜日は川船修さんという、主に文化放送で、というより吉田照美さんの番組を以前よりずーっと担当、台本も書くし、放送機材もディレクター以上に使いこなす、これぞラジオの放送作家という方で、今もなお「吉田照美のやる気MANMAN」を担当されている。川船さんのことでびっくりしたのは、ある日交通事故で右手を大怪我した時、左手でじっくり時間をかけて台本を書いていたことだ。内容が下らないトークなだけにそのミミズのたくったような字は迫力があった。なぜディレクターなどに口述筆記させなかったのだろうか？　照美さんは「読みにくかった」と言っていた。

この「てるてるワイド」の曜日担当作家のギャランティは一本二万三千円。「巨匠」も「学生作家」も等しく同額だった。ラジオとテレビでは差があるものとはいえ、これは低額といえよう。しかし誰もが皆、ギャラがいくらかということはどうでもよくて（他で稼いでいるし）今ラジオで一番面白いことができる番組だからという動機で毎週毎週健筆をふるっていた。私といえば月収が二十万円という生活は、それまでと比べると夢のようにリッチなもので、学生食堂で注文するメニューも百五十円のカレーから、三百五十円のカツ丼へと変化、映画も平気でロードショーで観るようになった。

放送作家になりたての私は、毎日怒られながらも基本的にはテレビ局、ラジオ局で仕事をしていることが嬉しくてしょうがなかった。毎週マッチと喋れるし、見本盤のレコードはもらい放題だし、そういえば「俺今の放送作家の中で日本一若いんじゃないか?」という答えの無い自問自答もニヤニヤしながら行なっていた(もっとも喰始さんや秋元康さんは十代の頃からプロだったわけだが)。そんな私もはっきり言って将来に不安はあった。当時業界には、放送作家三十歳寿命説というものがあって、特に「笑い」に関しては三十歳になると若い人に受けるギャグは書けなくなるという。おまけに私は当然のごとく大学は中退するしかない状況にあり、そのことが不安に拍車をかけ、ある時宮沢さんに相談したことがある。「大学を中退しても大丈夫でしょうか、あと僕はおもしろいことをずーっと考えたり書いたりしていきたいのですが、それでこの先何年も暮らしていけるでしょうかどうでしょうか」

宮沢さんは答える。「笑い」に関しては、これからテレビにせよ出版にせよニーズは拡がっていくと思う。例えばニュース番組や料理番組といったものにも笑いのセンスは要求されていくはず。だからむしろ楽観視して、いいよ。あと中退は?中退は?ってしつこいよ。わからないよ俺も卒業してねえんだから。

これで私は気分的にかなり救われたし、少なからず自信も持てた。そしてこの八四年当時の宮沢さんの指摘どおりに、その後の日本のテレビ界は変容していく。

塗り替えられた放送作家地図

さてひとくちに放送作家と言っても、必要とされる能力は多岐にわたる。思いつくままに列挙すると、

A．コント、漫才の台本が書ける
B．優れた企画を発想できる
C．構成能力がある
D．視聴率の取り方に詳しい
E．ナレーション原稿を上手に書ける
F．いろんな事を知っている

ざっとこんな感じだろうか。そして誰もが皆、この要素の得手不得手がそれぞれある。私はAはまあ得意、Bに関しては、くだらないもの限定、Cは人並み、Dはさっぱり、Eはまるで駄目、Fは知識の片寄りが激しく、時々大当り、といったところである。似たようなタイプの人は八〇年代当時の私のまわりには多く、たいていの人が活字の連載を持ち、舞台の作・演出を手がけていた。つまり仕事はテレビだけという人は少なかった。必然的に私のような人は小劇場の役者や、若手芸人と親交を持つことが多くなる（ありていに言うと呑み友達）。そしてその役者や芸人の中から売れて来る人が出てくる。これは彼（彼女）の友人である放送作家がきちんとフォローしたことが奏効しての場合もあれば、全く無関係に純粋に本人のがんばりによる場合もある。そしていずれの場

合でもブレイクした彼らは晴れて持てた自分の番組に友人の放送作家を呼んでくれるのだ。

私の二十年間は、はっきり言ってこれの連鎖である。皆さん本当にありがとうございます、前述の「ラジカル～」のメンバー、松尾貴史さん、加藤賢崇さん、久本雅美さん、爆笑問題のおふたり、松尾スズキさん、宮藤官九郎さん。謝辞が中盤に登場するおかしな文章になってしまった。この人たちは皆さん、私の書いたギャグを、字づら以上に面白く表現するのだ。例えば「パックンたまご！」というテレビ朝日の早朝教育番組で「犬のコロ」を毎回演じた中村有志さんは、コロが「ドーナツは穴があいてて面白いな!!」とすごく楽しそうにドーナツを食べ終え「あれ？　ドーナツだけ食べたのに穴がなくなっちゃったあ！　なんで!?」という内容の台本をどうかと言うくらい笑える動きと表情で演じてくれたのだ。

つまり、私は、まず演者に信用され仕事の発注が来る放送作家で、今やこのタイプは少数派だ。昔も今も第一線で働く人は、本来は局のプロデューサーたちに信用され仕事の発注が来るものなのだ。

だから一度、レギュラー番組が一本も無くなってしまったことがあった。仕事は雑誌の連載が二本だけだから家賃を差し引くと手元には何も残らない。この頃はコンビニに行ってもレジのバイトの人をうらやましいと思った。収入があるから。将来があるからとさえ感じていたのではないか？　気持ちは落ちこんでいても時間だけはあったこの時、宮沢さんの舞台で知り合った、役者のまつおあきらさんから、一人芝居の作・演出を依頼されふたつ返事で引き受けた。この芝居を見に来てくれた放送作家の町山広美さんに誘われる形で「タモリ倶楽部」に参加できたのだから、綱渡りだが回りの人に恵まれている。

私のようなタイプ以外に、八〇年代のなかばには存在したが、その後あまり見なくなったタイプの放送作家がいる。
○やたらとラブストーリー好きの人
ふだんは下らないことでゲラゲラ笑ってるような人で「実はこういうの好きなんだ」と恋愛ミニドラマを活き活きと書く人が、よくいた。
○大阪弁のセリフがちゃんと書けない人
ダウンタウンが全国的にブレイクする前までは東京の街で大阪弁で喋ってる人は通りすがりの人にふりむかれるものだった。ゆえに大阪弁の認知度が低く、関西在住経験のない放送作家は、大阪出身の登場人物のセリフで語尾が全部「〜でまんねん」とか「ちゃうでっせ」とか平気で書く人がいた。
○「ちゃん付け」で近付き肩をもんでくる人
今でもコントなどで業界人が「〇〇ちゃんシーメ（飯）どう?」と「ちゃん付け」や「さかさ言葉」を使ってたりする場合があるが、本当に当時まではこういう人が局内にいた。七割が意識的に使っていたが三割は無自覚だったように思う。

このような人が少数派になっていくのは八〇年代後半から終盤にかけてのことで、かわりに擡頭してくるのが、能力的にとにかくBの企画力に優れ、CとDとEも磐石というタイプの放送作家たちである。この時代からテレビは出演者のトークに頼る番組はオールドスタイルになり、かわりに斬新な企画、練りに練って作ったVTRで勝負する番組が主流となっていく。彼らが手がけた「進め！電波少年」や「特命リサーチ200X」、「料理の鉄人」と、九〇年代の初期にスタートして高視聴率を叩き出した名番組は皆、制作サイドに明確なビジョンがあり、徹底的な手間暇をかけて作られたものばかりである。

テレビ表現が自立した

テレビがテレビというジャンルとして確立したのは、実はこの時期なのではないかという気がする。よく六〇年代がテレビの黄金時代と言われる。それに異は唱えないが、あの頃がテレビという新しい現場に、映画界や音楽界、出版界から若くて勢いのある才能が集結して一大化学変化を起こした爆発のようなものとするならば、この九〇年代に行なわれたことは、テレビで育った人材がテレビこそ一番優れた表現手段と確信して、視聴者を裏切ることは自らも傷つけることと念じて番組を制作し始めたということではないだろうか？

わかりやすい具体例をあげると、この頃から企画会議で交される言葉に「テレビ的」というものが増えた。「それはテレビ的じゃない」「この現象（やブーム）をテレビ的に切り取るならば……」「このスポーツのルールはテレビ的じゃない」云々である。テレビ的じゃない、とはどういうことか？　それは視聴者（の中の大多数）が理解できない、ちょっと不快に感じる、知らない人が出ている、といったものか。というのも私は最終的に、何がテレビ的なのかがよく判らないのだ。もっと言うと、あまり興味がない。すごく興味がない、とは違ってて自分なりに視聴者は何を求めてるのか一生懸命考えることは考えるのだが、その頭脳労働で得る快感よりも、例えば新作映画を観て、失敗作としか思えないがなぜか心ひきつけられるものがあった時、それはなぜなのかを一生懸命考えて頭が痛くなるほど考える時の方がより大きな快感を得るような体質なのだ。

笑いを取ることを目的としたバラエティ番組の場合、七〇年代八〇年代はより質の高い笑いを作ることで制作者は一致団結したが、九〇年代に入ると、ここに微妙な変化が生じた。九二年から九八年にかけて私は一連の「ボキャブラ天国」シリーズにほとんど全精力を傾けて取り組んだ。非常に充実した現場だったが、純粋な笑いの作り方と、純粋なテレビの作り方がピキピキと二本に枝分かれしていく感覚を覚えたのも事実だ。投稿のボキャブラ（駄ジャレ）ネタにどういうVTRをつけたらいいかなどを毎日のようにディレクターと考える作業の中で、たまに出演者のテンションの高さやネタを言う時のトーンの選び方などの演出法で意見がぶつかった。ディレクターは映像を作るのが商売だからとにかく力の入った画《え》を撮るのだがネタによってはすごくあっさりした映像の方がストレートに笑いにつながることもある。

ビートたけしの往年のギャグ「コマネチ！」を「止まれ血！」とボキャブった作品で、ディレクターは歩道橋でけつまずいてゴロゴロガッシャーンと派手にすっ転んで全身血だらけになったOLがヨロヨロ立ちあがり、あ〜あというトーンで「止まれ血〜」とポーズをつけるというVTRを作ったが、私はこれは大げさすぎると感じた。このネタは、何げない日常の中で誰もが経験したことのあるさほど痛くない怪我で、あれ何だか血が止まらないなという状況で誰も見てないのについ一人で「止まれ血！」と「コマネチ！」と全く同じイントネーションで発声するべきものと思ってたからだ。全身血だらけの人がまず言う言葉は「痛《いって》えー！」だと思うし。でも撮りなおしはできないから、画はそのままで「止まれ血〜」とダラダラ言ってたセリフにかぶせて「止まれ血！」と威勢のいい発声に変えて出したらだいぶ良くなった。また逆に、私はボソっと喋った方が笑えると思ったネタをディレクターが絶叫させて撮って来て、結果番組では「あの表情がとにかく笑えた」という評価につながることもあって、私も笑いの純度ばかりがテレビの笑いではないのだ、ということも勉強させてもらった。

長く一例を出したが、ギャグひとつとっても、笑いとしての優劣、そしてテレビ的かどうかの優劣のふたつのベクトルが存在し始めたことをおわかりいただけただろうか。

分業時代の放送作家たち

テレビ的なことの見極めより、おもしろいこと下らないことを考えるのが好きな放送作家はもう仕事が来なくなってしまうのだろうか？　うまくしたもので九〇年代の後半は、なんと両者、「笑い作り屋」と「テレビ作り屋」がひとつのバラエティ番組で担当を分け合うかのようになっていく。つまりそれは前者が健筆をふるえる設定を後者が発想するというものだ。

「タモリ倶楽部」の恒例企画に「映画宣伝マン対抗ＰＲ合戦」なるものがあり、難行苦行のゲームに挑み勝者となった宣伝マンが自社作品をＰＲできるというシリーズもので、初期においての難行はマラソンで走りつづけるといったシンプルなものだったが、その後は正座して足のしびれに耐える、とかボールペンを使いきるなどというひねりを入れたものになり、ある時とうとうやったことがないものがなくなってしまった。何時間も会議をつづけても誰も何も思いつかないという時、やはり当番組のベテラン放送作家の海老克哉さんが「井筒和幸監督が今、自分の新作『のど自慢』の宣伝をしたいと思ってるはずだから各社の宣伝マンたちと井筒監督が五〇メートル走とかして勝った者がＰＲできるってのはどうか」と言った。私はこの時この男は本当に天才だと思った。くだらないし素晴らしい。難行のベクトルの上に井筒監督という優れたブチ切れ装置をかませることにより、すべてが新しく反転した。自作の宣伝のためなら何でもする一映画監督の本気っぷりを引き出す台本作りはこの場合私の担当で、キレる監督の想定セリフのバリエーションなどが湯水のように出てきたが、それもすべてこの優れた企画があってのことだ。これは結果として幸福な分業システムになった例のひとつだ。私が発想もして台本も書くというパターンも、もちろんあるが、この時はアイデア出しに関して自分は頭の中で白旗を上げかけていただけに特に印象に残っている。

そのうちもうハナから明確に分業制を敷く番組が増えて行く。爆笑問題の番組で言うと田中直人さんと私は優れたリレーションシップを発揮することが多い。「はばたけペンギン!」という番組で、爆笑問題がゲストのプロフィールを面白おかしく紹介する方法はないか? という議題に田中直人さんはひとこと「写真で紙芝居」とアイデアを出し、私はそれだけでもうすべてが〝見えた〟。西城秀樹さんがゲストの時は往年のヒット曲のジャケット写真を使い虚々実々のプロフィールを太田光が語り田中裕二がツッコむ。「ヤングマン」では秀樹さんだけ巨大化させたりもした。加藤茶さんがゲストの時は、茶さんのプライベート写真から全員集合時代までのスナップを紙芝居化し、子供時代の集合写真では、表情にあわせて写ってる全員のセリフを勝手に太田に喋らせたり、「チョットだけヨ」の有名なポーズの写真には「大流行しましたよね、この時の加藤茶さんのギャグフレーズ『足を伸ばしまあす』は」てな台本を一生懸命書いた。

「サンデージャポン」に至っては、私は番組の全体会議にさえも出席せず、生放送の前日深夜に編集の上がったVTRテープと、台本を見て、太田がどこでどうボケたらいいのか、そのメモを書くのが仕事である。VTRを作るディレクターと私は何の打ち合せや相談の機会も持たないが、太田がボケやすいVTRを作るのが実に上手い。

この他に今、私はどういった放送作家の皆さんと仕事をしているのかというと、コント番組に呼ばれた場合、私は必ず山名宏和さんと渡辺鐘さんを呼んでいる。山名さんは私の次に宮沢さんの舞台の演出補を務めた人で渡辺さんはジャリズムというかなり人気のあった二人組のボケ担当だった人で、ここ数年に増えた元芸人の放送作家の代表のような形になっている。私と同い歳のコントの名人、三木聡さんや「感じるジャッカル」というコント番組で知り合った長谷川朝二さんをはじめ、福原フトシさんや「はねるのトびら」のオークラさんなど、フジテレビ周辺にコントの優れた書き手が今、大集結している。

現在、第何次だかの放送作家ブームの中枢をになう人々ともいくつかの番組でご一緒しているが、高須光聖さん、鈴木おさむさん、都築浩さん、小野高義さん、北本かつらさん、みんな本当にテレビのことをよく知っているし、番組作りに長けている。何よりすごくたくさん働いている。爆笑問題の番組で私と一緒にクレジットされることが多い秋葉高彰と野口悠介のふたりは、爆笑問題の事務所所属の放送作家で、ギャグ、コント、ボケなどを毎日量産している。この二人には本当に助けてもらっているが、どうしても呼びにくいので敬称は省略した。あと敬称省略作家としては「タモリ倶楽部」の台本作家加藤智久ももっと評価されていいだろう。もうひとり、鮫肌文殊とは「ボキャブラ」の頃、毎週酒を飲んだ。パンクバンドのボーカリストでもある鮫肌とロックや映画の事を朝まで話したものだが、ある時鮫肌が自分の新番組の視聴率がひとケタだったことについて「シングル叩いちゃって」と言った。業界用語である。からかいモードに切り変った私が「お前ゴルフしねえだろ」とか「もうパンクじゃないな」と責めたてたら「しまった」と顔をまっ赤にしていたっけ。

さてテレビ界全体を見渡せば、今また新たな節目が近づいて来ているように思えてならない。というのは、テレビというジャンルを確立したことによって、「テレビ好き」が納得する番組を作ることは皆上手くなったが、そうなると、テレビを見るのは「テレビ好き」だけってことになり、「テレビ好き」とそれ以外の人を分かつ囲いがどんどん高く、ぶ厚いものになって来ているように思えるのだ。さらにまたその囲いには入口の数より出口の数の方が多く開いてしまっているのではないだろうか。スポーツ中継にせよ、ネタ番組にせよ、テレビ的な演出により、本来の魅力を損なわせていないか？　なんて書くとまた非常によくある「テレビへの警鐘」っぽくなってきたが、こういうことを私は書くよりも、現場で、自分を含めテレビにとって都合のいい番組作りをしないように心掛けたい。

というわけで私は今後もテレビではお声がかかる限りおもしろいことを、視聴者の為に書きつづけることにします。

（「小説新潮」03年3月号）

この文章を書いている時点で「昔と比べてお笑い芸人の出る番組が増えたなあ」と思っていたのだが、ここから先、更にテレビの中の「お笑い」の占める割合がどんどん高くなっていくとは思わなかった。そして本文で指摘した「笑い」と「テレビの笑い」のふたつのベクトルは、お互いを尊重しあう形で力強く共存しているようだ。限られた時間の中でなるべく数多くの若い芸人を見せたい、というテレビ的な演出の為に生まれた「1分ネタ」が、1分だからこそ表現できる新しい芸として認知された。これはこれでひとつの笑いの形になっているのだ。長い尺のネタも「本ネタ」なら「1分ネタ」も立派な「本ネタ」と呼んでいい雰囲気を持ち得ている。

また、「ひな壇芸人」と呼ばれる中堅どころの芸人のトークの質も相当に高い。芸人、演出、構成（台本）が三位一体で作るハイレベルな番組が各局に登場し、その中で一時は少なかった「コントを書ける作家」の若手が増え、大活躍している。

「百年に一度の不況」の波は広告収入の減少という形で放送業界をモロに直撃、右を見ても左を見ても不景気な話題ばかりだが、お笑い界の「笑い」の質と量は高く安定している。

ラジオ黄金時代がやってくる

純粋にリスナーだった頃

私がラジオを聴き始めたのは小学六年生だった昭和四十八年頃だったと思う。クラスでも話題の「欽ドン」(「欽ちゃんのドンといってみよう!」)がきっかけだった。リスナーのギャグハガキを紹介する番組だが、とにかく投稿作品のレベルが高くて、世の中には面白いことを思いつく人がなんてたくさんいるんだろうと驚いたものだった。

「録音すると少し重くなるドジなカセットテープ」

欽ちゃんは「きれいだね」と受けたりする。馬鹿馬鹿しい作品には「バカだねこいつ」とも。この絶妙な読みと受けを聴きながら、ハガキ読まれる人はすごいなあ、と思っていたらある日の放送で読まれた「おかしの家をめぐる不良の兄妹の物語~『ヘンゼルはグレてる』」なる作品がとなりのクラスの佐藤ってやつのだったことがあり、この時は学校中が「佐藤すごい」の祭りみたいになったものだった。あまりにも強烈に羨ましかったので今でもこのネタを憶えているのだと思う。

ともあれラジオの喋り手は聴き手とかなり近い所で話し、一部の聴き手は優れた投稿で喋り手をうならせ、残り大半の者がその様子を楽しく聴くという構図、これはその後現在に至るまでラジオの王道である。テレビにおける王道——歌番組の王道やバラエティ番組の王道が当時と今では随分変化したり多様化していることと比べると、このラジオがラジオらしくあることの頑固さはかなりのものと言えよう。

私も含め大抵の子供がその後、だんだんと「欽ドン」より深い時間の番組も聴くようになっていく。つまりはニッポン放送ならば夜十時台の「日立ミュージック・イン・ハイフォニック」や十一時台の「ザ・パンチ・パンチ・パンチ」、十二時台の「あおいくんと佐藤くん」「たむたむたいむ」と、どんどん夜更かしになっていく。こういうことが可能なのは、これまた大抵の子供は中学一年になると親からラジオかラジカセを買ってもらえることになるからである。私のラジカセはソニーの「プロ1900」。別売りのタイマーによるスリープ機能や録音が終ると電源が切れるフルオートシャットオフ機能を活用して、午前一時以降の深夜のゴールデンタイムの番組を聴きまくることになる。ＴＢＳの「パック・イン・ミュージック」、文化放送の「セイ！ヤング」それぞれ曜日ごとに好きなものをチョイスする。そのチョイスが同じ奴とは「気が合う者同志」となる。

しかし中学高校と私はよくこんな生活をできたもんだと思う。朝七時に起きて学校に行き、放課後は部活動で汗を流し、家に帰って夕食や風呂、テレビも観るしマンガも読むしそれで夜中の三時や時に五時までラジオを聴くなんてハードなスケジュールをこなしていたのだ。尊敬してしまう。

その頃必ず聴いていたのは「オールナイトニッポン」だと、あのねのね、笑福亭鶴光、タモリ、イルカ、つボイノリオ、かぜ耕士、ビートたけし、「パック・イン・ミュージック」では山本コータロー、小島一慶、林美雄、近田春夫など。「セイ！ヤング」は文化放送が神奈川県ではきれいに聴取しにくい為、あまり聴くことが無かった。

タモリの（「タモリ倶楽部」の構成者である今はもちろん「タモリさん」とお呼びするが）「オールナイトニッポン」で伝説になっているのがＮＨＫのニュース番組のテープを勝手に切り貼りして流したことや、当時大人気のフォーク系ニューミュージックを「根が暗い音楽」として否定しセンセーションを巻き起こしたりしたことなどだが、私が妙におぼえているのはトークの端々のタモリ的言い回しで、提供クレジットを読み上げ「〜以上三十四局ネットでおおくりする戦後最大の番組です」とか「今日も三時まで（机を叩き）クギづけよ」とか「今日も三時まで（机を叩き）クギづけ山」（当時「づけ山」という名のリスナーがいたから）とか、ＣＭ前に「ほら、そこのあなた！あなたですよ‼……おや、犬でしたか」といったフレーズである。そしてまたこの手の「タモリしか言わない言葉」は今でもナイターオフの時期になると放送されるニッポン放送の「タモリの週刊ダイナマイク」で多用されており、これは必聴。

私の十代における人間形成に少なからず影響を与えた番組は他にも枚挙にいとまがないが、特に近田春夫は「オールナイトニッポン」第二部に始まりその後の「パック・イン・ミュージック」に移ったあとも追いかけて聴いた。新旧の歌謡曲をノンストップでかけてその間ずーっと喋りまくるというスタイルで、歌謡曲を分析したり語ったりからかったりするマニア的な視点は我が国ではここで生まれたといってよい。リスナーもどんどんマニアックになり、ある時、自分はもう普通にレコードを聴くのに飽きてエフェクターを通してひずんだ音にして聴いています、というハガキを読むなり「こんなのは病気だよ！　もう病気病気」と受けたことから番組内では「病気の人」というフレーズが流行した。おそらく山本晋也監督の「ほとんどビョーキ」よりもこちらの方が早かったのではないか。

ラジオ少年が放送作家に

そんな私が放送業界に身を置くようになったのは昭和五十八年、大学三年の時である。そのいきさつは以前本誌でも書いたが、所属する映画研究会で出入りしていた新宿の酒場で知り合った業界人の紹介がきっかけで、文化放送「吉田照美のてるてるワイド」の木曜日と、「近藤真彦・マッチとデート」を担当することになった。ラジオの制作現場を目のあたりにして何もかもが驚きの連続だが、「マッチとデート」に送られてくるハガキの量と質には圧倒された。量については内容のあるハガキだけでも週にダンボール箱ひとつ分が届く、そして質としては、日本一のアイドルというものは日本中の女の子の熱く真剣な思いの集中砲火にさらされているものなのだと思い知らされた。一枚一枚読んでいるとその重さに参ってしまった。「私はマッチに会うために○月○日仙台駅○時○分発の電車に乗りますので東京駅までむかえに来て下さい」とかいったものが意外に多いのだ。うわあ思いつめてるなあと最初の頃はこっちも引きずられていたが、そのうちこれらの多くは本人たちもはずみで書いてしまっているものだと判ってきた。

「てるてるワイド」内のギャグハガキのコーナーには、かつての「欽ドン」のようにレベルの高いハガキが数多く届いた。この時代になるとギャグの内容もさることながら、あて先にわざと「山田照美のてるてるワイド」と書き、文中でも吉田照美のことを「山田さんは……」と呼びかけ、いちいち「山田じゃないよ！　吉田だよ！」と照美さんがツッこむという、番組の構造を遊び始めるリスナーも登場する。

リスナーが喋り手に対して小ボケを入れるのは以降、挨拶のひとつのようになっていき、同時に世の中のメディア内における「お笑い」の割合がどんどん増して行く。

お笑いブームとラジオ

現在私が担当するラジオ番組はTBSラジオの「火曜Junk　爆笑問題カーボーイ」「宮藤官九郎のキック・ザ・カンクロー」、そして四月にスタートした「木曜Junk　アンタッチャブルのシカゴマンゴ」の三本である。爆笑問題の太田はこの番組を、今自分が吐き出したいものをダイレクトにぶつける場と考え、普段のテレビの現場ではあまり口にしない、日本の近代史から現代のイラク問題や日中問題、憲法改正論議についての自分の考えを、ギャグをはさみながら放送に乗せることもある。宮藤官九郎は同じ劇団所属の皆川猿時を「港カヲル」という中年司会者というキャラクターに設定し、彼を持ち上げたりおとしめたりしながら、ファニーかつサディスティックに番組を進行させている。アンタッチャブルは、この新しい自分たちの番組に全力でのぞみ、その気持ちに多くのラジオ好きリスナーが高度なネタでリアクションしている。トークもテレビでおなじみのハイテンションと、テレビでは見せないローテンションをたくみに使い分けていたりする。

これら三本、すべて笑いが基調となっている番組だが、この四月改編でTBSラジオは午前一時からのJunkに加え、三時からの一時間枠をJunk2とし、月曜日から金曜日までを、笑い飯、波田陽区、陣内智則、スピードワゴン、原口あきまさ&はなわ、と勢いのある若手芸人をずらりと並べた。これはかつて無いことである。しかしTBSラジオの深夜のリスナーたちのギャグの筆力は相当なクオリティにまで磨かれているのでこの編成は正解だろう。

というわけで今ではすっかりTBSラジオに出入りするようになった私にとって「裏」はニッポン放送の「オールナイトニッポン」である。前述のアンタッチャブルが配された木曜日は長きに亘りニッポン放送のナインティナインが天下の枠で何をぶつけても（聴取率で）勝てない曜日なので、ラジオ業界的には注目の集まるやりがいのある場所である。

お笑いブームはニッポン放送でもしっかり反映されている。月〜木の夜十二時からの一時間番組、くりぃむしちゅー上田晋也の「知ってる？24時」は、リスナーが電話や録音メッセージで登場して上田とからむ構成となっているが、リスナーが上田に対して徹底的にボケつづけるスタイルを取っている。女子高生が「ねえ〜晋也〜、私今度沖縄に旅行に行くんだけどおみやげは『ちんこすう』でいいかしら？　晋也は『ちんこすう』好き？　私は『ちんこすう』好きよ……　あ――!!　大変！　『ちんこすう』じゃなくて『ちんすこう』だった！　どうしよう晋也」「知るか――!!」と受ける上田。のべつこのハイテンションが続く当番組は今やリスナーはハガキやメールの文面だけでなく生でボケたいという中高生に思いきり聞かれている。

また四月からは月〜金の十時台にワイド番組「デーモン小暮　ニッポン全国ラジベガス」がスタート。「王道バラエティの復活」と謳われただけあって、こちらも「ラジオらしさ」が期待できよう。

さらにさらになんと火曜日の爆笑問題の裏に、六月から「くりぃむしちゅーのオールナイトニッポン」がスタートするという噂もあって、私としては参ったなあというところだが、リスナーを取り合う形で二局が切磋琢磨するような状況は、七〇年代の深夜放送ブームをほうふつとさせるものがある。

かつては、テレビに出ないアーティストやラジオだけのスターが中心にあった夜のラジオが、一時期の迷走をはさんで今再び、テレビでも実力派とされる芸達者たちが、テレビでは見せない素に近い自分をリスナーにさらけ出し始めている。

ラジオを聴いてみませんか？　というよりラジオを買ってみて下さい。私は常に持ち歩いてます。

（「小説新潮」05年6月号）


文中に記したニッポン放送の番組は軒並み終了している。〇九年からの編成で出演者を「お笑い」から「ミュージシャン」「俳優」へと大幅にシフトチェンジを計ったのだった。TBSラジオでは「Junk2」が「JunkZERO」になり放送枠が月～金の十二時に繰り上がった。つまり〝おもしろいラジオ〟は午前三時までとなった。

テレビ（作る専門家と見る専門家、他は無しの時代）

ここ数年で、テレビがどんどんわかりやすいものになってきていることは衆目の一致するところだろう。この場合の「わかりやすさ」は、「やさしい」という言葉があてはまる場合もあるし、また「とっつきやすい」「理解できないことを言わない」「明るい」と、よりフィットする表現は場合に応じてあるわけだが、すべては「難解なるもの」の対極にあるものと考えられる。

簡単な例では、「発言テロップの増加」が挙げられよう。バラエティ番組などで、出演者の発言をそのままテロップに起こして編集時に差し込む手法は、NHK以外では完全に定着した。と同時に「あれが邪魔だ」という意見が「心ある視聴者の意見」として活字媒体をにぎわすこととなった。この「テレビ」と「心ある視聴者」の断絶もまた今日的な様相を呈してきている。

「わかりやすさ」の加速を感じた一例として、九四年三月に放送された「知ってるつもり!?」がある。拙著『10点さしあげる』（大栄出版）にも書いたことだが、この回番組が取り上げた人物はフェデリコ・フェリーニ。番組の冒頭で司会の関口宏は「フェリーニの映画はよくわかりませんよねえ」と言った。たしかに公開当時「難解」と言われた作品もあるが、開口一番に取り上げるポイントがそれか？　と、見ていた私はちょっとびっくりしたのだ。それは例えば、「小津安二郎の映画といえば白黒作品が多いです」とか「黒澤明といえば息子さんの嫁が林寛子です」といった物言いに近いものを感じてしまったわけだが、関口宏及び「知ってるつもり!?」制作サイドは、この「難解さ」を、フェリーニの人生をめぐる悲劇性のキーワードとして取りあげ、番組を作った。それは、映画界のどんな偉い人であっても、番組を観る人は一般視聴者であるから、一点でも視聴者を置き去りにした番組を作ってはならないという信念のあらわれのようでもあった。番組中「『ローマ』っていうシャシンは、わからなかったなあ」と芦田伸介がため息をつき、小田茜が「私も最近『道』をみましたが、むずかしくて」と、いよいよもって救いようのないコメントをする中、「私はむずかしいとは思いません」と小声で発言していた映画評論家・田山力哉氏も今はいない。思えば何故呼んだんだ？　というキャスティングだが、このようにテレビは「インテリ層」を置き去りにする形で、どんどんわかりやすくなっていく。

　さて、ではなぜそうなっているのかというと、早い話が個人別視聴率調査の導入である。よりテレビを見る層、よりCMを見て購買力に結びつく層に支持されるように番組を作るには「難解」は御法度、「難解以前」の一般常識でさえ、「ないと恥かしい」ではなく「なくても平気だ」にシフトしつつある。

　だからテレビは「頭が悪くなった」と結論を急いではいけない。よりシュアな視聴率を取るという作業の中で、ニーズのないところに力を入れる必要がなくなっただけのことで、視聴者は「おまえこんなことも知らないのか」と居丈高に振るまうような特権的な司会者を嫌ったのだ。

「居丈高」な人がたくさん出ている番組といえば「朝まで生テレビ」だが、よりによってこの番組で「女子高生の援助交際を大人は叱れるのか⁉」といったテーマをとりあげ、スタジオに大勢の現役女子高生を招いた回があった。パネラーの侃々諤々の議論の際中、彼女たちは次々と席を立って帰ってしまうのであるが、意見を求められたひとりの女子高生が、困惑気味に「だって、なんつうか、さっきからみんな大声出してんだもん」と言った。

実に明解。改めてみてみると「朝生」には女子高生の嫌いなものしかない。

一方、大半のモチベーションを「視聴率」に置いているドラマやバラエティはどうなっているかと言うと、「心地よいわかりやすさ」を目指し、ちょっと前じゃ考えられないくらい、丁寧な番組作りが行われている。細かい編集や、前述の「テロップ」もその重要な要素だが、このテロップ、実は言葉の選び方やタイミングなど、かなりのセンスが要求される。というわけで、ディレクターが編集所でいかにいい仕事をするかがかなり大きい。って、なに当り前のこと言ってるんだと言われそうだが、そうじゃない番組がちょっと前までかなりあったわけで、そういった番組がどんどんなくなってきているのだ。いちばん減ったのが出演者の意向が最優先される番組、タレントが野放しになっている番組である。そしてライブの「ありもの」をそのまま持ってきた番組。このようなディレクターの腕のふるいどころの少ない番組は少なくなった。

早い話が「テレビ作りのうまい人の番組は本当によくできている」という事実が「テレビを熱心に見る人」にだけよく伝わっているという図式が成り立っているのだ。ある番組が好きでたまらない、という人の「好き」のレベルは相当に高くなっている。それに応えつづけるために、送り手は日々番組作りに工夫と努力を惜しまない、という「美しい関係」はそうそういくつも簡単に作れるわけではないが、意外と多いのではないか？「意外と」というのは、ある番組が「すごく面白い」

ということは、その番組を見る人が「すごく面白い」と感じている、という事実だけで充分であり、その裾野に「ちょっと面白いと思っている」という層は存在していない。もっと言うと、その番組を見てない人が見ると、「どこがいいのかさっぱりわからない」ことになっているからである。だから今の世の中「DAISUKI」は「すごく好き」な人と「とにかく嫌い」という人の二種類しかいない、ということである。むろん前者が日本で百人ぐらいだったらダメなわけであるが、ある程度の層を不動にがっちりつかんでいる、というのが現在の「番組」と「視聴者」の関係である。常に「たまたま見た人」が五%という番組はありえないし。

注文の多い客に対して、納得の品を出し続ける需要と供給の関係は固い絆となり、お互いの距離は近くなる。ものすごく好きなテレビ番組を自分で選択して見ている人は、ものすごく好きなテレビ以外のことをテレビに求めることはしなくなる。ここ一～二年の社会現象になるほどのメガヒット商品が、ことごとくテレビで宣伝されたものではないし、またそれらの人気を当てこんで作られた番組は少ないし、あってもパッとしない。例えばついこの間に、プリクラや女子高生のカメラ好き、というブームを当てこんだ番組があったが、実にどうも見ていて座り心地の悪い番組であった。出来がどうのこうの、という以前に、番組のモチベーションがテレビの外にある、というだけで基本的な熱量みたいなものが決定的に欠けてしまっているのだ。

そんな例以外にも、もっとつまらない番組があるじゃないか、という意見もごもっともで、はなから視聴者のことを考えて作ってないぞこれ、という番組もある。テレビ局の都合で、各方面への行政上のいきさつで作られている番組はあるが、最近ではそういう番組はひと目でわかるくらい「ダメさ加減」が明白である。そういった構造そのものまで「わかりやすく」なってきている。

話をテレビと「テレビ以外のもの」の関係に戻すと、これはかなり明確に、分離されてきたと言えよう。「なにごとも『持ちつ持たれつ』ですな」という蜜月の終りというか、むしろ仲が悪くなってきた、というか。

例えば「映画」。テレビ局が映画製作に乗り出してきたこととリンクするように「単なる映画紹介を目的とした番組」やコーナーが中央からなくなってしまった。昔は「ジェームス・ボンド――魅力のすべて」といった新作007映画の宣伝番組を、ゴールデンの二時間スペシャルで放送していたのだ。これは前述した「ありものをそのまま持ってきた番組」の一典型である。

かくして「テレビ以外のもの」を必要としなくなったテレビには、「テレビに出る/出ない」「テレビに出てほしい/出たくない」という、キャスティングにまつわる浸透圧のようなものにも変革がもたらされた。

過去、なかなかこの人はテレビに出ない、といわれた人々が一斉にテレビに出始めていることだ。フォーク、ニューミュージック系のアーティストたちが、まるで横の連絡でも取りあったがごとく、一斉に軽いフットワークでテレビに登場、トークや司会をこなしている。歌を歌いに来ているのではないのだ。しかし一方、「歌うため」にゲストとしてやってくる人もいるが、前者のアーティスト(トークでレギュラー)にくらべ後者のアーティスト(歌いに来たゲスト)は、「テレビ色に染まってない様子が浮いてしまう」という事態を招いている。それだけ、腹をくってよそからやって来た吉田拓郎や谷村新司は、テレビでレギュラーを持つなら、「テレビの人」にならなければならない、という意志を全身から発している。

「テレビの人」は、常にテレビに出続けていなければダメで、それは「あの野沢直子も、ブランクを置いてテレビに出ると見ていられなかった」という事実でも明らかだ。

今、テレビの中のヒエラルキーは、現時点での「テレビの人度数」によって決められているようなもので、これはタレントにもスタッフにも共通して言えることで、もちろん視聴者にもこれはあてはまる。

テレビをあまり見ない「テレビの人度数」の低い人がテレビ批評をしてみても、あたかもそれは、「ロックを聴かない人のロック批評」みたいなことになってしまう。そんなロック批評を載せる音楽雑誌はないわけだが、活字メディアでの「テレビにまつわる文章」は減るどころか増加の傾向にさえある。

メディア間の仲の悪さを見せることは、世代間の仲の悪さ、男女間の仲の悪さが、真剣に取り扱うとシャレになんないレベルに来てることの目くらましなのだろうか？


（『オルタカルチャー日本版』メディアワークス・97年）

十年以上昔の文章なので、当り前のことに何おどろいているんだ？という所もあるが、文末の「メディア間の仲の悪さ」は正解で、しかも予想以上に進行している。各週刊誌での「嫌いなタレントアンケート」や「子供に見せられないワースト番組」的な特集記事はかなり増えている。問題なのはその書き手の質で、これがとても低い。思うにこれらの記事を読むのが好きな読者は「テレビを観ないテレビ嫌い」なので、鋭い分析や高度な文章力によるテレビ評論なんて読んでも判らないし、何より判り易い悪口を読みたいからなのだろう。しかしなんだろうこの構図は。

テレビから排除させたかったもの――現場からみたナンシー関

連載発表時には「鋭い時評」として読まれていたナンシー関の文章を、二十余冊に亘る単行本をそろえて時系列順に通読してみたところ、それはひとつの壮大な叙事詩のごときものになっていた。このことは時評のひとつひとつが真実の指摘だったことに他ならず、登場人物の栄枯盛衰は、ナンシーの予測や心配しているとおりに展開されるのだ。彼または彼女は「なぜか世間と価値観を共有していた」が、しかしやがて「その信頼関係に変化が生じ」そして「しっぺ返しを食らった」となる。

テレビの中の無数の登場人物のひとりひとりに視線を注ぎ、一瞬でも不穏な動きをしたり、手前勝手な考えを起こしたり、休もうとすればその行ないはただちに意図まで正確に見透かされ、そして記録される。アルタの客でもだ。

私は八〇年代前半に放送作家業と、ライター業に就き、ライターとしてはナンシーと共同の連載もいくつかさせていただいた。九〇年代に入ると放送の仕事が忙しくなったこともあり、頻繁に会うこともなくなった。ナンシーもこの頃から前にも増して驚異的な数の連載を持つようになり前述の叙事詩がスタートするわけだが、見られていたテレビの現場はどうなっていたのか、その裏側でうろうろしていた私の見聞きしたことを私見を交えつつ書いてみることにする。

ナンシー関はどう見られていたのかについては、まず感じたのが「テレビ業界人はよく、ナンシー関の体型に言及する」であった。出版の現場ではこういうことはなかったのでちょっととまどったが、すぐに、あ、ナンシーは有名人だからなのだなと気がついた。

八〇年代の末まではナンシー関の文章に対する放送業界人のリアクションとしては「一日中テレビの前にいる者に何がわかるか」というものが、普通に存在した。これは、テレビ番組を作るプロは自分なのだという主張である。しかもニュアンス的に強がりや逆ギレのようなものではなかった。「指摘はごもっともだけど、こっちにはこっちの事情があるんだよ」といった言いわけでもなく「自分のテレビに百%自信あり」ぐらいの堂々たる反論だったのだ。これはどちらかというと「見上げたもの」ではないかとさえ思う。今となっては。裏方である業界人がこうなのだから直接書かれた方の芸能人たちは「無視」が主流派だった。これも今考えるとナンシーにとっては「一番マシ」なリアクションだったのかも知れない。

九〇年代に入ると、バラエティ番組の現場でナンシー関の文章に勇気づけられる者がちらほら現れる。特に「好感度に疑問あり　山田邦子」(「噂の真相」91年10月号)などには、多くの業界人がうなずき合っていたようだ。九二年の暮れに出たお笑いムック『キンゴロー』での「『エセお笑い』に引導を渡せ」も同様である。ナインティナインをはじめとした吉本興業の若手や松村邦洋らの「ブレイク」で「お笑いブームか?」と言われたこの年、ナンシーの「深夜に潜んでいるお笑い勢がみんなメジャーの舞台に辿りついたら、自然淘汰が行なわれ、今メジャー(ゴールデンタイム)

にいるエセお笑いがなくなるんじゃないかという期待もある。」（単行本『何をいまさら』所載）を読んで、つき動かされた者はさらに多いはずだ。

やがて「週刊朝日」、続いて「週刊文春」でも連載がスタートすると状況も変化してくる。「前々からすごい人だと思っていたナンシー関がブレイクした！　万歳！」というスタンスの人がテレビ業界人にも、そして芸能人にも急増したように思う。また否定派の「サブカルのライターごときに」という物言いも通用しなくなる（この変節はナンシー関が従来から一貫してどんな媒体でも同じ筆力で原稿にのぞんでいたことからするとおかしなことだが、まあこういうことってありがちだ）。また文庫の著者あとがきなどによれば、書かれ（描かれ）た本人、およびその周辺からのリアクションがヒステリックになるのもこのあたりのようだ。

テレビ出演者達が「賛」と「否」に二分されたわけで、このあと「賛」の比率が高まっていく。同時に「賛」を装う「実は否」の比率も。大きなきっかけになったのはやはり松本人志の「ナンシー関は笑いがわかっている」発言である。これで主にコント番組の現場での支持率がアップした。若いディレクターが自分の番組を「ああ、ナンシー関に書かれたいなあ」とつぶやいたりするのを見て、私はひとりの書き手の作業が「機能」となっているド迫力を感じた。彼は自分の自信作をほめられたいと望んだわけだが、しかし九〇年代のなかばを過ぎる頃からナンシーは普通に面白い番組を「面白かった」とする原稿をいっさい書かなくなっていく。何か使命感みたいなものを自らに課しているかのように、「見落されがちなダメ」をつまびらかにし、「文章化不可能な周波数の気持ち悪さ」を原稿に書き起こしていく。

この段階まで来るとテレビ側の人間の、ナンシー関に対するアプローチはふた通りぐらいしか無くなってくる。ひとつは、どう考えても自分が関わっている新番組がひどいものになることが明らかな場合における「いっそナンシーさんに書いてもらいたいよ」という何とも知れぬ悲しい本音の吐露である。実際に私が知人の放送作家から聞かされたこの願望は果たして叶ったのであった(『テレビ消灯時間2』一七六ページ参照)。もうひとつは、書かれて本心はムッとしても「書いて下さってありがとう」と礼を言うパターンである。これもナンシー自身が書いていたこと(本人からのお礼のハガキが多いとのこと)であるが、実は私の身にもふりかかった。ある日テレビ局で一応知り合いのプロデューサーとすれちがった時である。私は「あ、この人の番組、今出てる文春でケチョンケチョンに書かれてるやつだ」と気がついたので、会釈だけして通り過ぎようとしたら「今度ナンシーさんと会ったら『書いてくれてありがとう』と伝えて下さいね。ホントに『ありがとう』と」と一方的に念を押された。「誰が伝えるか」と内心で笑いながら、この人はこういう時に、私はそれでも怒ってないんですよと表明することが「余裕」のアピールになると本気で思っているらしいことにも驚いた。

また、いつもはナンシー関の愛読者なのに、親しい芸能人が初めて俎上に上がった時は、「でもこれはひどいよ」と感想をもらした業界人もいて、違和感を覚えた。テレビに出たとなれば誰だってターゲットになるのは自明の理であり、自信を持って「これはまちがっている」と言うのではなく、否定的に書かれたことをただ「可哀相だ」とつぶやくのは思考停止である。

彼にとっては、たとえ正しい分析でも自分の仲間内にダメージとなることは迷惑なのだ。これを言い換えるならば「たとえまちがっていることでも自分の仲間内に有効なことはOKなのだ」となる。まさしくこの論理こそがナンシー関が生涯を通じて目を光らせ、テレビから排除させたかったものに他ならない。

仲間内に有効なこととはもう少し具体的に言うと「テレビ番組を楽に作れるようになること」となる。ナンシーが指摘した最近のテレビをつまらなくしている風潮はすべてこれに起因する。「泣かせる番組」の流行や、バラエティ番組で「オチ」を「笑い」から「感動」にシフトしたのもこっちの方が作るのが楽だからだ。芸能人が釣りやゴルフで遊んでいるだけの番組も同様。スポーツマンとしての実績をタレント性の実績とカウントして「格」を与えることも、タレントを一から育てることに較べて楽であり、新鮮な人材をキャスティングする作業も手がかからなくなる。

戦後、家電製品は主婦を家事のわずらわしさから解放するという方向性で発達したと言われる。楽になった主婦はその分、子育てや趣味、あるいは仕事に時間を使えるという目的があったが、テレビを楽して作ることには何の目的もない、純粋怠惰である。

これを放置していたばっかりに、今テレビ全体の視聴率が低下している。ナンシーはテレビは好きでもテレビ業界に全く興味が無かったから、視聴率でモノを語ることはしなかったが、個々の指摘の延長線上には視聴率に関わる問題が常に存在していたように思う。

私は放送作家としては「本当におもしろい番組は視聴率もついてくる」と思っている古いタイプの人間である。当然自分が関わっている番組の視聴率がいいとうれしい。ナンシーの追悼文で、どなたかが書いていたのだが、ナンシーはある番組を見て「松野また鼻水流してた」と笑っていたという。これを目にした時、あ、それ「サンデージャポン」のゴージャス松野だ、ナンシー見ててくれてたのかあと思った。

ナンシーはいないが、私はこれからもナンシーが見てて「おもしろかった」と人づてに聞くような番組を作っていきたい。それはそのまま「目の肥えたテレビ好きの視聴者がよろこぶ番組を作る」ということだ。そしてまた我々は一方で「目の肥えたテレビ好き」としてテレビをしっかりと見ていかなくてはならない。テレビの身勝手さや手抜きを許してはならない。見えにくい善悪の判断を怠らないようにしよう。例えば今なら、なんだろうか、ボブ・サップの使われ方とか。

（「文藝別冊・ナンシー関」03年）

「目の肥えたテレビ好き」は増えたと感じる。それは「そのテレビが面白いか面白くないかをきちんと見分けられることってかっこいいな」という価値観を生前のナンシー関の仕事から感じた人々が、テレビの前に残っているからだと思う。

ギャグ人生の礎を築いた『盗用を禁ず』

当時私は小学校六年生、著者のしとうきねおもテディ片岡も知らず、ただ本書のサブタイトル「駄じゃれバカの本」にピンと来るものがあっての購入だったのだろう。

テディ片岡とは片岡義男なのだが、著者紹介では「知る人ぞ知る架空のヒトとして十二年前にデビュー、冗談だけを書くという初志をつらぬく過程にいまもあり」とある。時代は昭和四十八年。

まさに駄洒落、言葉遊び、パロディがただひたすら無差別につらねられた内容で、はっきり言ってその質のレベルは大変幅広い。「豚の親分が住んでいるのはどこですか？　答・ボストン」といったレベルのものも平気で載っていたりする一方で、「十円玉の楽しい使い方」というネタ集があり、「三千年程もっている」「偽造して一円玉にする」「それを何とか元にもどす」「今日道に捨てて明日拾いにいってみる」「玄関にぶらさげておく」などなど数十個もの「使い方」が列挙されていたりして、この感覚は当時の私としては非常に新鮮だったのだ。雑誌の「笑い話」のページや「なぞなぞ本」、あるいは別の大人向けの冗談本でも取り扱っていなかった領域のものと感じた。おそらく「ボストン」に代表される感覚が昭和四十八年以前のもので「十円玉」がその後の冗談文化というか、ナンセンスのメジャー化につながっていくものなのだろう。駄洒落が古いと言っているのではなくて、例えば「国名の由来」で「アルゼンチン　この国をつくった神様は、実は女だった。そして女にはチンがない、とからかわれてばかりいたので、その腹いせにアルゼンチン！　という名の国をつくった」「スイス　昔は、スイスイスイスイスイス、という長い名前だったが、これではあまりに長くて不便なのでスイス、とした」というネタも、「これからのもの」と感じながらゲラゲラ笑ったのを覚えている。あまりに愛着のある本は、何度も読むので角が丸くなるというが、子供の私は本書をいつも持ち歩いていたので、プールに行った時は水にぬれ、山で遊んだ時は泥まみれにしてしまった。

言葉遊びの新鮮さがうんぬんと頭では感じつつも、プールや山で遊ぶベタベタな子供の活動を同時に行なっていたあたりに、当時の自分自身にも昭和四十八年「以前」と「以降」が同居していたのか。

「以降」というのは早い話、バラエティ系の放送作家やお笑い系ライターである現在の私を形成するまでの道のりということになる。

私の半生は「アルゼチン！」でした。というのもなんだが、思いおこしてみると私は「くだらないこと」ばかり思いつきながら生きてきました。小学校でＰＴＡが自由参加する課外授業が企画され、ある日のホームルームで担任が生徒一人ずつに参加するＰＴＡをチェックするのだが「井上くん」「ハイ、父と母です」「岡本くん」「おかあさんです」というやりとりが私の番になり「高橋くん」「父と母と祖母と兄が」「はい」「全員来ません」とかそういうことを言うのだった。時代はもう少し進み、キャンディーズの解散が話題になっている頃、私は「でも三人は、さだまさしが作った歌で復帰します。その曲のタイトルは？」というクイズを思いつき、友人に話したりしているちょうどその頃、日本テレビの「カックラキン大放送!!」の中で、ナオコおばあちゃんが野口五郎にまったく同じクイズを出題していたので、これはプロレベルといっていいのか？　と秘かに思い及んだ日もあった。ちなみに正解は『カムバック（関白）宣言』だ。そういえば野口五郎に関することで当時ひどく可笑しかったことのひとつが、ＴＢＳの「ムー一族」のオープニングクレジットで、左とん平の役名がさりげなく「野口五郎」と出ていたことだった。劇中では「五郎」としか呼ばれないこの石工の名字が何の意味もなく野口なのだ。同様のものにマンガ『ハレンチ学園』のヒゲゴジラの本名が「吉永さゆり」というのもある。

さて、私は大学生になり、映画研究会なるサークルに所属するが、その映研時代も『サイコ2』が公開されたりすると「次の続篇は主人公の若い時代を描いたもので、十六歳のノーマン・ベイツが登場するらしいよ。タイトルは『サイコ十六歳』という、当時公開中の邦画『アイコ十六歳』とかけた、と説明しないと今はほとんどわからない駄洒落を考えたこともあった。それを得意になってとばしていたわけではない。駄洒落なんかを前もって考えておいて「きいてくれいいか」なんて人に話すような時代ではすでに無い。もうしかたなく思いついてしまうようになってしまっていたのだ。だから発表もしたりしなかったり。

そういう大学生がある年からプロの放送作家になった。いくらバラエティ系の番組といえども、全篇、駄洒落や言葉遊びの番組は無く、そういったものが要求されるのは時々である。そんな時私は、コント一本を書く労力が一〇だとすると、〇・二ぐらいの労力で「作品」を連発できるスタッフになっていたのだ。「高円寺関根潤三商店街」「11月3日は文太の日」とかそういうレベルなのだがとにかく数を出せた。しかも特徴的なのは、これは自分では全く面白くないが、もう少し年配の冗談好きの人にはたまらなく可笑しいだろうな、という作品も狙って作れるのだ。これは自慢というより単なる事実である。

いつのまにか自分自身が『盗用を禁ず』になってしまったのか。今また手にとってパラパラとみていると「あなたの頓知度をテストする」というページに興味深い記述があった。「問　平清盛の先祖は誰だったのでしょう」「答　原始人」などという「日本史問題」の中に「問　一九四五年は日本人にとって、何があった年か」。そして答が「しとうきねおの生まれた年だ」なのだが、オチはまだ先にあって「(編集部注・コレ本当はウソ。もっとジジイなのだ)」と続く。これは記憶になかった。この自嘲的とも言えるギャグを理解するために、それぞれの場合の年齢を算出してみよう。一九四五年生まれなら、当時は二十八歳。自分は二十八歳だと偽ったしとうきねおは、著者紹介によると一九三六年生まれで、当時三十七歳だったことになる。「もっとジジイ」が三十七歳。そして現在の私も三十七歳。不思議な感じがする。

さて、片岡義男に関しては、私はその後の氏の熱心な読者ではないので、どのような冗談生活を送っていたのかはわからないが、八〇年代の初め頃、たまたま聴いたラジオ「気まぐれ飛行船」で氏はこんなことをさりげなく言った。新作映画の『歌え！ロレッタ・愛のために』の題名のすごさを評し、「これは変換すると『小説を書け！片岡・世界のために』ということになる」

この「歌え！」を「小説を書け！」に置き換えるところに、氏の「テディ」な部分を感じた次第である。

（「オール讀物」99年7月号）

この「盗用を禁ず」は質の高いイラストも豊富で、中にはヌードも含まれていた。当時、本書を見せるとそっちばかりに反応するクラスメイトに「こいつ子供だなあ」と思ったものだ。

〝等身大主義〟が歌謡曲と歌謡番組にボディブローを浴びせた

――テレビと歌謡曲

八〇年代の歌謡曲及び歌謡界とはどんなものだったのか？　「アイドルの時代」というくくり方をしてみても別に七〇年代にも九〇年代にもアイドルはいるわけで、あまり的確ではない。同様に「ニューミュージックと歌謡曲の壁が取り払われた時代」とするのも説得力に欠ける。歌謡界が「今までの歌謡曲は嫌いだったアーティスト」の才能を取り込み、新しい音を持ちえたという構造は、筒美京平の登場とその仕事という事実がすでにある。ではそういった十年ごとの区切りなどはなく、本来の一連の流れがゆるやかにあるだけなのだ、というややドライな物言いに分があるのだろうか？

一九九七年はキャリアを同じくする歌謡界の偉人ふたりのＣＤボックスが、偶然なのか必然なのかそれぞれリリースされた。ひとりは作曲家の筒美京平、そしてもうひとりは作詞家の阿久悠である。『HITSTORY　筒美京平 Ultimate Collection 1967～1997』はＶｏｌ．１～2、各四枚組の合計八枚組セットであった。私は迷うことなく両方とも購入したが、私より年配の歌謡曲ファンは、七八年～九七年の作品を収めているＶｏｌ．２は買い控えたりするのかな？　とも思った。私も期待度は六七年〜七七年のVol.1の方が正直言って高かった。がしかし、このVol.2、もし買わなかったらおそろしく後悔するであろう必聴盤だったのだ。近藤真彦、松本伊代、小泉今日子、田原俊彦、少年隊らの「いい曲」に属する方の曲にプラスして、沖田浩之「E気持」、C-C-B「Romanticが止まらない」といった、時代に封印された曲がズラズラ並び、小沢健二、鈴木蘭々、ピチカート・ファイヴらの最新曲が末尾を飾るのだ。隙がないのに驚いた。例えば昼のAMラジオを移動中に聴いていて、ふいに本田美奈子の「殺意のバカンス」がかかり、あら懐かしいと感じ、人に〝今日、車の中で本田美奈子の「殺意のバカンス」、ラジオで聴いちゃったよ〟と報告したくなることがあるが、そういう「殺意のバカンス」もちゃんと入っているのだ。

　だから筒美京平の仕事ぶりからみても「八〇年代」の特性はこれといって無しが結論か、と決めつける前に、もうひとりの偉人、阿久悠のボックス『移りゆく時代《とき》 唇に詩《うた》 阿久悠大全集』を開けてみる。こちらはドーンと十四枚組のワンセットである。やはり六七年からスタートするその作品群はザ・モップス「朝まで待てない」に始まり、尾崎紀世彦、山本リンダ、堺正章、フィンガー5、沢田研二、ピンク・レディーの「誰もがいまだに口ずさめる名曲」ばかりがズラズラズラ〜っと並ぶもので、西城秀樹「炎」といった〝実はヒデキのナンバーワンソング〟や野口五郎「真夏の夜の夢」が早回しじゃなく入っていたりで（しかしコロッケもこのネタをやらなくなって久しいが）、やはりすごい。

　が、しかしこれらの八枚目までと九枚目以降が、どうかと思うくらい色合いが違うのだ。出だしこそ八代亜紀「舟唄」と、堂々たるものだが、ピンク・レディーは「マンデー・モナリザ・クラブ」、沢田研二が「酒場でDABADA」である。リリースの日付けを見ると「舟唄」が七九年五月二十五日、「マンデー〜」が七九年九月九日、「酒場〜」は八〇年九月二十一日であった。八〇年四月二十五日発売の八代亜紀「雨の慕情」がレコード大賞の大賞を獲った時、私は「ああまた阿久悠か、これからもずーっと阿久悠なんだろう」と思っていたが、「大賞の大賞」はこの作品以降、無い（八〇年以降の「金賞」は前述の「酒場〜」「もしもピアノが弾けたなら」「契り」「北の蛍」「熱き心に」「追憶」「港の五番町」）。というわけで「歌謡曲の八〇年代」は、阿久悠に嫌われ始める、という事実が起点となっていたのだ。

彼はこのCDボックスのブックレットで、ロングインタビューに応じているが、そのなかで「だいたいここ二十年ぐらいキイワードとなっているもので、日本をつまらなくしているものがいくつかあるけれども、等身大というのはそのひとつだろうと思います」と発言している。確かに八〇年代のヒット曲の詞に出てくる主人公たちの言動には、例えば、「世界一の男だけ」が私の相手をする資格がある、という主張や、「ピストル」や「花束」「火の酒」といった世界観のものはなくなり、かわりに「ちょっぴり気が弱い」リリカルな恋愛や、「エッチをしたい」と願う女子高生たちの、それこそ「等身大の世界」が歌われていく。

もともと天地真理《シンデレラ》的なものだった「架空の国の住人」であるところのアイドル界に、この等身大主義が持ち込まれるとややこしいことが起こった。デビューしたてのアイドルが歌番組の中で「アイドルは夢を与えるお仕事ですから」と発言したり、「死ぬほどデビューしたかったという事実」がプロフィール上から消え、デビューのきっかけは「街でスカウトされて」ということが急増したりする。このややこしさを抱えつつ八〇年代前半はアイドルたちがポップス歌謡の名曲を歌い、一方で職業作詞家／作曲家を必要としないニューミュージックのアーティストたちが擡頭、そして演歌界は原因不明の地盤沈下を起こす。

このような地図が、テレビの歌番組で「ランキングもの」が主流になるなか、形作られる。このへんから「歌謡曲の崩壊」の芽が見え隠れし始める。当時、郷ひろみが「ベストテン番組には出ない」と宣言した時は「なんでまた？」と思ったが、ランキングの順に本人が登場して歌うという形式は、今思うと相当に苛酷なものだ。「先週一位から二位に転落した誰々」という紹介は、〃それでも現在、日本で第二位〃なのに「くやしさ」のみを喚起させるもので、事実、沢田研二など「一等賞」にこだわる人は、そんなにがっくりしなくてもいいじゃないかとこちらが思うほど、落胆した様子を隠さなかった。そういう要素が少しずつたまっていき、「ランクが下がる」という本来外因のものがあたかも内因のように歌手本人に作用し、二位以下の人の顔色はどんどん悪くなっていった。

そしてアイドル歌謡の方はというと、「なんてったってアイドル」という〃自爆曲〃を世に出し、やがてひとつの時代を終える。「ランキング番組」も次々と幕を下ろし、歌番組は、ゴールデンタイムではテレビ朝日の「ミュージックステーション」だけという時代を迎えた八〇年代末。ニューミュージック界の新陳代謝の大きめのものが「バンドブーム」と呼ばれ、歌謡界にとどめを刺すのであった。そのバンドブームもあっという間に小室哲哉という個人にとどめを刺されるのだが、いずれにせよ「等身大」という漠然とした概念を絶妙なさじ加減で作品に配合しているものや、うまく距離感をつかんでいるものが、「売れる商品」となっている時代は続いている。困ったことに。

（『歌謡ポップス・クロニクル』アスペクト・98年）

別に「困ったこと」では無いだろう、と今は思う。この文章を書いてしばらくした頃私はあらゆる面で奇跡のようなバンド、クレイジーケンバンドを知り、豊かなリスナー生活を得て現在に至っている。人はそれぞれに好きな音楽を聴いていればいいだろう。だからもう「歌は世につれ」ない。それでいい。

爆笑問題と私のギャグ作りの実際

爆笑問題と出会ったきっかけは？

仕事先やインタビューの席でよく訊かれる質問である。答はいつも「九四年の秋頃、構成している『タモリ倶楽部』で、また最近活動を開始したらしい爆笑問題をキャスティングした日があり、私が書いた台本を所属事務所タイタンの太田光代社長が気に入ってくれて、それ以来、親しくさせてもらってます」と決まっているのだが、はたしてその台本はどんなものだったのか？　ここにオープニング部分を再録してみよう。放送日は九四年十月七日、「ファンタスティック映画祭　勝ち抜きホラー選手権」の回である。

曲「ショートショーツ　メタルＭＩＸ」

タモリ　毎度おなじみ流浪の番組「タモリ倶楽部」でございます。ま、この番組、オープニングで天候のことなど、どうでもいい話をしている所に、「タモリさん」とか言いながら進行役の奴があらわれるのが、ひとつのパターンとなっております。あんまりゴチャゴチャ喋る奴だとオープニングが無駄に長くなってしまったりして私は内心苦々しく思っているわけで……。

そこに松本伊代やってくる（当番組、初登場）

松本　タモリさん。

タモリ　ゲッ！　伊代ちゃんなの？

松本　いつも家に遊びに来ていただいてありがとうございます。イグアナまでやっていただいて……夜遅くまで。人の家で。

（中略、夫のかわりにやって来たという松本伊代とのやりとり）

そこに、爆笑問題・太田、田中登場（こちらも初登場）

太田　タモリさん、伊代さん初めまして。爆笑問題の太田です。

タモリ　おお、いつも見てるよ。

松本　面白いですよね。爆笑問題さんて。

田中　いやあ、それほどでも。

太田　お前が照れるなよ。

タモリ　太田ってもっと背が高いのかと思ってたけどそうでもないんだな。

太田　それはほら、相方がこれですから。同じチビなら、ナインティナインの岡村と組みゃよかったって後悔してるんですよ。

田中　初登場のめでたい席にそういう事言うなよ！

太田　ほらリアクションも今ひとつパッとしないでしょ。
松本　そうねえ。
田中　伊代ちゃんまで！
（後略）

というわけで今なら誰にでも書けそうなやりとりだが、この、太田の〈相方の何もかもを否定するキャラクター〉は、台本を書く前に読んだ「ぴあ」の爆笑問題インタビューでの太田の様子を参考にしたものだ。それにしても何とも二人への愛情が感じられる台本である。

こういった台本のあるバラエティ番組の出演者は二タイプに大別できる。「台本に忠実」か「アドリブを多用する」か、そして爆笑問題は前者の中の「しかも台本を最高に生かす能力の持ち主」に属する。ちなみにきたろうさんもこのタイプだ。

というわけで、創立したてのタイタンとしては「タイタンライブ」をスタートするにあたっての合同コントの書き手も探していたわけで、偶然か必然か、素敵なタイミングで我々は出会ったのである。

明けて九五年からスタートの合同コントで我々はふた月に一本ずつコントを作ってきた。今は若手メンバーだが、九九年二月までの十九本は爆笑問題、GO・JO、キリングセンス、たくみふちおの「創設時メンバー」である。設定はなるべく毎回違ったものをめざしたが、基本的に田中は何らかの被害者という役が多かった。「だからよお、それでよお」という自分の口癖を同僚から「気になるからやめろ」と言われ「だからポー、それでポー」と言うハメになる男とか、ある国の国王だが、国民全員から差別されている人物など、その被害者レベルは極めて幅広い。

この設定は非常に安定した笑いが取れるのでついつい多用した。この場合の加害者はGO・JOの阪田マサノブであることが多かった。そうなると太田はこの両者とは無関係の自由な立場に置いた。「世界歌謡大戦」というコントはその典型で、阪田が被害者となったものだ。

八〇年代なかばの頃、あるテレビ局で、海外のアーティストと日本の大物ミュージシャンが一堂に会する特別音楽番組の会議室という設定で、阪田はプロデューサー、田中は、この番組のMCを務めるという田原俊彦のマネージャーで「うちの田原もはりきってます」などと言っている。太田は大物放送作家で、この豪華な出演者リストを見て興奮のあまり、番組のオープニングから構想を大声で演じ始める。「聖子ちゃんとチェッカーズ戦車に乗って上手から登場、しかし地雷踏んでドカーン！　がれきの中からフィル・コリンズがセリで上って来る！」といった気が狂ったような内容の長ゼリフである。そうこうしてると海外から出演キャンセルのFAXが次々と届き、阪田があわてふためく中、審査員で大島渚や西部邁がブッキングされていき、田中の正体は田原俊彦のマネージャーでなく田原総一朗のマネージャーであることがわかり、結局残った出演者で討論番組(「朝まで生テレビ」)を始めることになるという流れのものなのだが、太田は状況がどうあれ常に自分の構想しか興味が無いという人物がうまくはまった。「CM明け！　舞台はベトナム！　あ、ここからちゃんと書くわ」というセリフが上手かった。

いずれにしろメンバー七名の合同コントで太田と田中をあまり近くに配置しなかったのは、そういうものはそのうちテレビで量産することになるのをどこかで感じていたからかもしれない。

そして九八年四月、爆笑問題はテレビ界でもブレイク、コント番組では二人のやりとりを容赦なく中心に置いたコントを書いた。テレビ東京の「大爆笑問題」では、ものすごく仕事ができない人物を太田が演ずるシリーズが特に印象に残る。太田は街頭インタビュアー兼カメラマンで、通行人の田中に「すいませんいいですか？」と近づき、架空の人気アイドルへのメッセージをおねがいしますとカメラを構える。こういう時の田中の「あ、ラブリーズ知ってます」とか「質問でもなんでもいいんですか」という、いかにも空っぽな人という演技は本当にうまい。「えー田中といいます。ラブリーズに質問です。新曲の……」「アハハハハハ！」突然太田が意味なく大笑いしてNG、すいませんすいませんとあやまりながらも、あの手この手のNGをすべて太田が出しながら、えんえんインタビューの収録が繰り返されるというもので、「なんか冒頭にへんなこと言うのやめて下さい、タナなんとかって」「俺の名前だ！」などというやりとりの中だんだん不機嫌になる（当り前だ）田中が、カメラが回るたびに「えー、田中といいます」と毎回全く同じ笑顔に戻る様子などは私の特に好きなもののひとつである。解説すると、被害者と加害者のやりとりだが、お互いにその自覚が全く無いまま、ひとつも生産的ではないことを繰り返すイノセントな世界、といったところか。あっ、そのつもりで書いたことじゃないのにこれはそのままテックス・アヴェリーの作品世界だ。四〇～五〇年代のギャグアニメーション《カートゥーン》映画の監督で「カフカを読んだディズニー」とも呼ばれた知る人ぞ知る奇才、「ドルーピー」シリーズが有名だが単発ものの『太りっこ競争』（ネコとカナリヤとネズミが超強力な成長剤を飲んでは強大化していく追っかけもの）など名作は多い。太田が好きなチャーリー・ブラウンものはもちろん私も大好きだが「爆チュー問題」のぴかりとたなチューを肉眼で目のあたりにすると、よく生身の人間でここまでカートゥーン的なキャラクターを体現できるものだと思うあまり、私はついつい前述のアヴェリーや「トムとジェリー」（ハンナ・バーベラ時代の）」的な設定、突然降ってわいたある秩序に振り回される世界（ワイドテレビをくっつけて並べると画面の中を移動できるようになる、ケンカをして部屋の中に壁ができる、太田が二役で演ずる動きのおそいカメが登場する、ｅｔｃ）を書いてしまう。がしかし色々やればやるほど「爆チュー」の世界は懐の深さを感じるもので、今年は、やみくもにピーナッツ、という回をやってみるのもいいかもしれない。幼児番組である、という入口はただそれだけをはずさなければ、ホント、なんでもできるのである。もうひとつのコントものの番組「笑いがいちばん」の〈タイムスリップ劇場〉では、やはりＮＨＫだから幅広い年齢層むけの、言うなれば素直なギャグを心がけていることは確かである。がしかし時々ただひたすら下らないだけのやりとりを書きたくなる時もある。太田がマドンナ旋風時代の女性のミニ政党「やるっきゃないわよ党」の党首で「やるっきゃない！　やるっきゃない！」とシュプレヒコールをあげながら登場する。そして「略して『や・よ党』です。これは『や党』であり、『よ党』でもあるという……」と、ボケる。つづく「ポリシーはもちろん（せきばらいして）『やるときは、こりゃやるっきゃないわよ』と」というボケに、台本では田中のセリフは「バカのひとつ覚えかよ」だったが、実際に収録で発した「だまってろ！」というツッコミの方が気持ちが入ってて笑えた。

とまあ、様々な現場で「あれがウケた」とか「こうしときゃよかった」みたいなことを常々思っているのだが、私と彼らの間で、それらを確認するような会話は実はほとんどしない。それは太田が、どんなセリフでもウケてみせる、を理想とする者だからだろう。じゃあ私は誰が発しても笑いのとれるセリフをめざしているのか？　どうなんだ？　そんなセリフってあるのか？

（「鳩よ！」01年2月号／特集・爆笑問題の笑い　そしてタイタンの笑い）

「何度めだよ！」田中がいくら言おうとも

本書〈太田光『ヒレハレ草』〉に収録されたエッセイは、九七年九月から九九年四月にかけて書かれたものだが、爆笑問題がテレビ界で大ブレイクしたのは九八年の四月改編、地上波だけで自分たちがメインの新番組が五本スタートするという、目茶苦茶な時期がすっぽり入っている。

しかし太田光の文章は、選んだ題材も含めてマイペースそのもので、環境が激変しているさなかにロマンチックなというか呑気なというか夫婦のいい話「天体望遠鏡」や、もはやおなじみ〈昔の自分反省もの〉「新入生の頃」などを飄々と綴っている。連載していたのがテレビ誌だったこともあってテレビ界について書くなど、当り前過ぎて禁じ手にしたのかも知れない。あるいは売れてみてびっくりしたことなど無かったのだろう。なので例外的にテレビの現場の事を書いた、書かざるを得なかったほどの〈バカ田中もの〉「田中岩」は筆の勢いと描写の正確さに目を見張るものがある。

そんな中、太田がこれから数々の番組を抱えるにあたっての心境が九八年二月の「料理人」で素直に吐露されている。「『貴方のような料理人が、何故、肉じゃがなんて、当たり前の料理を創るのか？』なんて聞かれても答えようがない」と。これからはたとえ他人が「爆笑問題らしくない番組」と思うものでも私はどんどん出るのだ、と言っている。そして「色んな人に食べてほしい（みてほしい）」に続く「（その人の）知識と味覚は関係ない」という宣言が実にすごい。客を選ばないというのだ。

実際、某歌番組ではホールでの収録ということもあり、司会の爆笑問題の目の前の客は人気のアーティストたちのファンである。その数三千人。目当てのバンドの演奏が終り、彼らが去ったあとに漫才風の音楽講座を始めても客席はザワザワしたまんまなんてことも当初はあった。そして他のバラエティ番組のスタッフの中には「太田君のような芸人が、何故〈某歌番組〉のような畑違いの番組の司会をするのか」と聞く者も本当にいて、太田の予言は見事的中、もちろん太田は何も答えようがない様子だった。が、太田自身はこの番組でも充分楽しんでいただろうし、視聴者の中にはこの番組で爆笑問題を知った人もいただろう。

ここまでの文章が、推論と当時のエピソードが混合しているものになっているのは、私が九五年頃から現在まで、爆笑問題とは構成者・ブレーンとして接点のある立場の人間だからである。前述の漫才風音楽講座も毎週私が台本を書いた。「ベストアルバム」というテーマでは例えばこんなやりとり。

太田「しかし『ベストアルバム』といってもファン全員を納得させる選曲はむずかしいもんなんですよ」

田中「そうそう、好みも色々だから」

太田『えー！　一曲目がこれかよ』なんて言われたり」
田中「意外とあるケースかもね」
太田『で、そのあとがこれとこれってこたないだろ！　うわ！　これ俺の嫌いな曲ばっか』」
田中「ファンやめちまえ！　そんなやつは！」

とまあこんなことまで思い出させてくれたのが「料理人」の項であった。

このように〈芸人・太田光〉と直結した項目は少なく、『ヒレハレ草』の太田の視点は〈太田光個人〉からのものが多い。彼の仕事の中で同様のものは、ラジオである。「クリスマスの思い出」「全知全能」「マサ君」「黒澤映画」などなどラジオで太田が話題にした、またよく話題にするエピソードである。「クリスマスの思い出」に登場する劇団の話は近著の『パラレルな世紀への跳躍』にも出てくるし、つい先日のラジオでも話していた。面白いのはこの劇団関係者への罵りようがどんどんエスカレートしている点で、太田の〈ダメな人好き〉のツボを直撃する大好きなエピソードなのだろう。そしてアイスコーヒーを飲むたびに思い出すのだろう。

ラジオ番組の構成者でもある私は毎週二人と同じブースに入る。先日の番組で太田が「そういや俺がミュージカルやったクソ劇団があってよ！」と始めた時も、私は彼に「その話は前に……」とはもちろん言わない。太田が繰り返す話は繰り返されるべき何かがあるのだろうから。田中は「この話好きだよな、おまえ……」とあきれるように相槌を打ったが、それでムッとしたのかこの日太田は、この劇団の男優と女優が後に不倫関係に陥り、そのまま駆け落ちしたという、田中も知らない新エピソードをそえて田中に「すげえな！」と言わせていた。

ちなみに私はブースの中では、笑ったりしているだけだが、実はひとつ自分でも気に入ってる役割がある。もちろん自然発生的なものだが、二人が思い出せない言葉をかわりに思い出す作業である。ど忘れが多い太田が番組中「ほらあの女優誰だっけ？　いしだあゆみみたいな……」と言った時私がボソッと「メリル・ストリープ？」と口に出してみたら「そうそのメリル・ストリープが——」と大正解だった時などは大変うれしい。田中は「なんでわかったの⁉」などとびっくりしてたがなぜかわかってしまったのだ。逆にある時番組中に『エイリアン』の監督って誰だっけ？」となり、言おうとしたところこれがなぜか出てこない。私一人で頭抱えながら「ど忘れ」「弟も監督」と、助言にもなんにもならないことをブツブツ言っているうちに時は流れ、とっくに次の話題で二人が喋っているのをさえぎるように「リドリー・スコット！」と大きな声を出してしまった時はすいませんでした。

思えば、太田と私が交す会話らしきものはこの「思い出し係」のやりとりだけかも知れない。今では仕事の上の確認作業も二言三言だ。「今度の特番でやるコントのイメージは『寺内貫太郎』？」『ひょうきん族』です」これで大方がわかる。自分たちの仕事に忠実になればなるほど普段の会話はいらなくなる。太田は番組で笑いをとるのが仕事で、私は彼の仕事がしやすい番組を作る。コント台本、爆笑コーナー台本、その他に我々構成者は、ここで太田はこうボケるのはどうか、という「ボケ案」も考える。これは採用、これは不採用という形で番組に反映されるわけで、構成者はそういった所で一喜一憂しているのだ。もちろん本人のアドリブが大半であるのは言うまでもない。

というわけで私にとって太田は分析すべき対象ではなくて、ギャグを介してのビジネスパートナーなのだ。

最後に、私の「ボケ案」からの採用小ボケをちょっと思い出してみる。

○番組中、野球のグランド整備に使う器具「トンボ」の名前が出た時の注釈
「この『トンボ』というのは別名「キーパー」とも言う、グランド整備に使う、この位の大きさの鉄でできた昆虫のことですね」
○「小室哲哉が母校の高校に立派なホールを寄贈！」という芸能ニュースをうけて、
「このホールは生徒たちからは通称『小室ホール』略して『小ホール』と呼ばれています」
○絶対ヒットまちがいないというドラマは？「高視聴率ドラマ『サラリーマン金太郎』シリーズにあの木村拓哉がゲスト出演、その名も『サラリーマン木村太郎』あと『作曲家キダタロー』」

太田が言うと本当に面白いのだ。これが。

（太田光『ヒレハレ草』幻冬舎文庫・04年／解説）

「トンボ」の注釈にまつわるボケは、スタジオでも大いにウケた。収録に立ち合っていた私は、このネタのすぐあとの休憩中に出演者の一人だった伊集院光さんがひとりごとのように「今のトンボのネタすごいわ」と言ってくれたのが内心うれしかった。

爆笑問題の田中にも、そして私にもマニフェストはあるのだ

〈私が総理大臣になったら〉といえば、日本テレビの『太田光の私が総理大臣になったら…秘書田中。』というなかなか評判の良い番組が現在放送中だ。毎週金曜日の夜八時からオンエア中で、なんて広報めいたことを書いている私は放送作家として当番組の構成に参加しているのです。

爆笑問題の太田が総理大臣を務める「小さな国会」で、毎回太田がマニフェストを発表、タレントや文化人、本物の国会議員たちが賛成派反対派に別れ熱い議論を重ねている。太田発の「アメリカと一年間国交を断絶します」「熱血教師を禁止します」といった一見暴論風なマニフェストはすべて太田本人が日頃から考えを巡らせていることで、当然本人も番組作りの打ち合せに参加している。

ある日の打ち合せで、プロデューサー氏が「たまには田中さんからのマニフェストが出されてもいいと思いますが」と提案、田中は「僕からはいいですよ」と常識的に受け流したがプロデューサー氏が「何でもいいですから」と冗談ぽく食い下がった。「じゃあ」と田中が発したマニフェストは「原辰徳は現役時代、チャンスに弱いバッターだったとか言う奴に罰金刑」というものだった。

打ち合せ室がなごやかな笑いに包まれるナイスな受け答えであると同時にこれはこれで田中が日頃から不満に思っている問題なのだ。曰く「原はチャンスで何度も打っている。原をちょっと見下す物言いが巨人ファンの定番のようになっていることが許せない。広島の達川も僕と同様のことを言っている」。

阪神ファンとして私も同意見である。しかも世の中の人々が時々陥る「イメージ先行の思考停止状態」を糾弾する、とても立派な意見と言えよう。

もちろん野球以外の様々なジャンルで同様の憂うべき慣習や態度が横行していると嘆いている人も多いだろう。文芸界なら「某小説家の作品は名作ということになっているイメージ」などだが、これは豊﨑由美氏などのテリトリーなので、私が総理大臣になったら、やはり大好きな映画界に関する困った（しかしあまり議論されない）問題に着手したい。

映画は作る方にも観る方にも多くの思考停止が見られるが、元を正せば「クリティックの不在」が大きい。三十年前、本格的に映画を観出した私は多くの作品にも心動かされたが、同時に愛読していた映画雑誌の文章にも夢中になった。なんてかっこいいほめ方なんだろう。この映画をつまらなくしているのはここなのか、成程、と。我を失なう程興奮しながら語る映評、声を嗄らしてこの作品はヒドいと悶絶する映評が、当時はゴロゴロあったものだが、今現在は町山智浩氏と中原昌也氏と、あと何人かぐらいしか見当らない。原因のひとつは配給会社とマスコミの立ち位置が異常に近くなっているため映評も原則けなせなくなったことで、右記の両者はよく映画館で映画を観ている。ならばいっそのこと「映画の試写禁止」はどうか。今、映画の試写の現場は、業界人がタダで映画が観られる所みたいなことになっている。中には過去に配給作品を酷評した評論家に試写状を出さない会社もあるという。心ある映評担当者は評者に公開初日に映画館で鑑賞させた方が、より活き活きとした誌面作りができ、新たな映画ファンも育つに違いない。

（「小説新潮」06年10月号）

この原稿は「もし私が総理大臣になったら、どんなマニフェストを出すか？」という企画に寄せたものである。

さて今や、田中裕二といえば有名な巨人ファン、そして原ファンということになった。もう少し正確に表現すると「日本で一番、原の悪口を言う奴を許さない人物」として定着した。〇九年三月は第二回WBCで原辰徳は日本代表の監督を務めたが、この侍ジャパン、序盤は勝ったり負けたりの展開となった。そんな中メディアの中には原采配に疑問や反発を投げかける者も出てきた。そしてそのつど田中はTBSラジオ「爆笑問題カーボーイ」でその者らにキレた。韓国との第二戦で敗れたことを受け、フジテレビの「とくダネ！」のオープニングで小倉智昭さんが「私だったらあんな采配はしない」といった旨の発言をしたことを受け、田中はかなりのハイテンションで

「おめえなんかよりな！　おめえなんかより原さんの方がずーっと野球のこと知ってるんだよ！」

と何度も小倉さんのことを「おめえ呼ばわり」して、やや子供じみたオブジェクションを展開した。リスナーたちはゲラゲラ笑ったことだろうが、翌週はこの発言を反省していた。その数日後のTBSテレビ「サンデージャポン」でのこと。ゲストパネラーの松下賢次元アナウン

サーが、ＷＢＣの原監督について「前回の王さんは名監督でした。でも今回の原さんは……」と語り始め、発言内容がアンチ原に傾きかけたと見るや、司会者のくせに田中はまたハイテンションで
「原監督も！　原監督も！」
と、「原監督も名監督ですよ」と言いたいのだろうが怒りのあまり文章の前半だけを繰り返すというおかしな状態になってしまった。それにしても優勝できて本当に良かったですね。

対談2

爆笑問題

太田光・田中裕二

×高橋洋二

高橋洋二　爆笑問題のお二人とはずっと仕事仲間ですが、対談をするのは初めてです。普段は太田くん田中くんと呼んでるんですが、この本の中では太田・田中と書いてたり、最近は太田さん田中さんと呼ぶこともあって統一されてないですがどうでもよいですよね（笑）。本文は読んでくださいましたか？

太田光　読みました。懐かしいなあと思う話がけっこうありましたね。「はばたけペンギン！」のとき の、加藤茶さんの写真の紙芝居でボケる話だとか、テツ&トモが売れてるという話題とか……あれはそんなに前ではないですよね。

高橋　二〇〇三年ぐらい。追記でも書きましたが、お笑いブームはあの年あたりから、というのが定説になってますね。

太田　あとね、高橋さんの同級生が投稿したっていう「ヘンゼルはグレてる」のネタ、あれ憶えてますよ。

田中裕二　すげえな、それ。一投稿ネタでしょ。

太田　かなりウケたネタだったんですよね。同じようにヒットしたやつでナポレオンのネタがあるじゃない。憶えてる？

田中　憶えてない。

太田　ナポレオンⅠ世「我輩の辞書には不可能の文字はない」、Ⅱ世「我輩の辞書にも不可能の文字はない」、Ⅲ世「我輩の家には辞書がない」ってやつ。

田中　あーあったね。いわゆる基礎となるようなネタ。

太田　「ヘンゼルはグレてる」はそういうレベルのネタだった。

高橋　彼は今どうしてるのかな。高校も一緒だったんですよ。

太田　あと最後の映画館ガイド、あれ長いですね。

高橋　映画は好きだけど、映画館で映画を観る習慣がなくなった太田くんが読んでどうでしたか。

太田　楽しそうだなって思いましたよ。

高橋　ばかに大人が喜んでる感じが出てるでしょうか。

太田　すごく細かくて。たしかに言われてみりゃ日本は、とくに東京は映画館が充実してんだなと。最初シネコンって映画恐怖症のことかと思ってたぐらいでしたけどね。

高橋　ある年に今年は二百本映画を観ようと宣言し

て達成したときには嬉しかったですね。あと、そういう話を方々ですると「自分もやり始めました」という人がけっこういてそれも嬉しい。

太田　意外とサラリーマンのほうがたくさん観られるんだろうな。それから、放送作家についての文章（本書176頁）を読んであらためて思ったのは「てるてるワイド」の作家陣はすごかったんだなと。

高橋　長谷川勝士さん、宮沢章夫さん、加藤芳一さん、俺、で川船修さん。川船さんはのちの「やる気まんまん」をずっと支えた人ですね。あのころのことを思い出して野口（悠介）と話したりするんですけど、似てるんですよね、いまの彼と昔の自分の立場が。圧倒的に自分が一番年下という状況とかね。入りたてのころ局の中を歩いてるだけで嬉しくなかった?とか、先輩の原稿を持って帰ったとか共通点がある。

高橋洋二の独特さ

高橋　田中くんは読んでみてどうでしたか。

田中　ぼくは「AMBITIOUS JAPAN!」の回（100頁）は切り抜きして取ってましたからね。人に自慢するために。

高橋　こんな素敵なやり取りをしたんだぞと。それは嬉しいな。

田中　あの一連のやり取りはすごく気に入ってるんです。最後のオチも素晴らしいじゃないですか。あと高橋さんをよく知ってるから、中野のラーメン屋の話（18頁）とか地図も頭に浮かぶし、様子がすげえ分かるから、とくに親近感が沸いてつい読んでしまいますね。野球のくだりとかも。

高橋　阪神の星野が仙一じゃなくて、オリックスから来た星野だったときの話とかね。

太田　あとあれ笑いましたよ、温泉でこっそり抜けてオールバックにして戻ってくる話。あれはウケるだろうなって……高橋さんらしいギャクですよね。

高橋　タモリさんって俺のことを見つけるとニヤっとして「なんだその髪は!」っていつも言うのね（笑）。髪の毛がたくさんある奴への憎悪、というような一種のカラミ芸ですね。

田中　腹膜炎の話というのもずいぶん前だよね。

太田　俺、高橋さんが休んだ記憶があまり無いんだよな。

高橋　たしかラジオを三回ぐらい、「ゲスト10」最終回と「サンデージャポン」の第一回を休みましたね……しかし、あの入院は楽しかったな。

田中　その全部楽しんでしまう態度が、ほんとに高橋さんらしいですよね。手術を受けながらハイになるところとかすげえ面白い。こいつうるさいよ、って思われてるだろうなって（笑）。

太田　そういう独特な面白さは、高橋さんを知らない人はどう思うのかな。どういうイメージを思い浮かべるんだろ。

田中　髪型がオールバックというのは一般的に怖いイメージだろうしね。それに高橋さんは顔写真だけだとこわもてに見えるかもしれないし。

太田　それにしても高橋さんのこだわり方は昔から変わらないですよね。万博に何回も行くとか。俺とか昔はこだわっていたことも最近はどうでもいいやって全般的にいい加減になってきていて……もともと大雑把だと思うけど。

田中　カバンの中身を全部紹介してるのとか太田と正反対だよな。俺はちょっと分かるところがあるけれど。すべて吟味して選択していって、残った最小単位はこれ！というのがあるんだよね。それにしてもカバンの中身を紹介、ってアイドルじゃねぇのに……（笑）。

高橋　おたく体質というのもあるだろうね。

太田　高橋さんの特徴は、そういう性格ですごく慎重で吟味しているのにもかかわらずおっちょこちょいなところがあるんですよ。そこが独特ですよね。オールバックにしても、もとは面倒くさいから始まるのに、その髪型にやたらこだわる、っていうことになる……気がついたらへんてこりんな具合になっているんだよね（笑）。

高橋　そうそう。俺はオールバックでいいのか？という問いに最終的には答が出てないんですよ。

GAHAHAのころ

高橋　ここで、われわれが初めて出会ったころの話をしたいのですが……お互いの印象あたりから。

太田　印象はいまとほとんど変わんないですね。

高橋　俺は、爆笑問題がデビューしたころから、冗談画報とか見て、ラジオも面白いなあと思って聴いてましたよ。「ヤックン、フックン、モックン→やくまるくん、ふくまるくん、もくまるくん」とか(笑)。自分と近いものがあるなと思ってました。それは今も変わらないですね。最初に出会ったのは「GAHAHAキング　爆笑王決定戦」ですね。十週勝ち抜きでチャンピオンが誕生する番組で、初代チャンピオンが爆笑問題、二代目がフォークダンスDE成子坂、三代目がますだおかだでした。その後九四年ごろに、田代まさしさん、久本雅美さんが司会のバラエティショー「GAHAHA王国」になったあたりで、僕が構成で入って初めて知り合ったんですよね。

田中　プロデューサーの木村さんと香妃苑で会ったんだよ。

太田　あのころ、大竹まことさんのメガネを踏む踏まないでもめたことがあったんだよね。

高橋　そうそう。俺が思いついたか、誰かの案だったか忘れたけど、罰ゲームか何かで、大竹さんが自分のメガネを床に置いて「踏んでみろ!」と太田くんを脅す、というくだりがあって、それが笑いにつながってなかったから、俺が太田くんにすみませんでしたと謝ったりしたことがありましたね。

太田　今から思えば別にどうでもいいようなことなんだけど……その時は、いくらギャグとはいえ大竹さんのメガネを踏むなんて俺はできませんって言ったんです。あのことは今でもたまに考えるんですけど。

田中　ふーん、今言われるまでまったく記憶になかった。

太田　いまだったら絶対踏みますけど……あの何年か後に「あ、このやり方があったな」というのを一個思いついたんですよ。大竹さんが「踏めよ、踏みゃあいいじゃないか」って脅すような感じで、俺が「いやいや」って言うやりとりだったでしょ。で、「でも踏めない、ごめんなさい」っつったあと歩き出して踏む(笑)。これだ、って何年か後に気がついた。

高橋　ようするに作品にしてしまうってことね。

太田　そうそう。

高橋　それぐらいデリケートなものだということを理解していない作家でしたね、あのころの私は。すごく反省しましたよ。芸人の生理というものを考えないといけないなって。太田くんは特にデリケートだったわけだし。

太田　十週勝ち抜きのあと番組構成が変わって、俺たちどうされちゃうの、という感じがあったんですよね。いろいろと不信感が募ってました。なんでこんなことさせられるのかとか。

田中　せっかくネタで受けてたのに、なんで変な格好してセクシーメイツと一緒にやんなきゃいけないんだとかね。

太田　今だったらよろこんでやるけど。

田中　そりゃもう一周しちゃってるから良いけどね。

高橋　木村さんはテレビマンとしてショーを作りかったんだろうね。GAHAHAの初期には、田中くんにもひどいことをしてしまったことがある。田中くんが野球拳で負けてその場でブラジャーとパンティに生着替えするという場面があって。そしたら田中くんは「さあ、見てください」みたいな開き直った感じのリアクションをとったんですね、おどけたポーズをつけて。その様子を見て、ほんとにこの人はダメだなと思ってしまったんですよ（笑）。

田中　はははは。全然憶えてない。

高橋　自分より年下なのに終ってる感じがした（笑）。

田中　古い芸人みたいな。

高橋　もちろん構成と演出もまちがってたわけで。だから、おどけてください、ってやっちゃいけないんだよね。それ以後自分が書く台本では、田中くんにはまったくおどけない超ノーマルなキャラクターをあてることが多くなりました。

田中　当時はボケに対して全くの無菌状態だったからどうしていいか分かんなかった。

太田　いまだにそうだよ。ベタなおどけ方をしちゃうんだ。

高橋　最近は「調子に乗ってる田中」というパターンもまわりから認知されてきたからOKですよね。おどけても、みんなが一斉につっこめる。

田中　当時は手かずがないし、プランもない。もちろん緊張もしているし。

太田　プランがないのと、あと「恥ずかしいことがイヤ」なんだよね。そういうのは一生変わらない。あの頃は今から思えば取るに足らないことで結構必死になってましたね……昨日もテレビの収録で「冗談画報」に俺らが出たときのVTRを見たんですよ。

俺、エンディングトークでずーっと下向いて一言も話さないのね。自分でもその自覚はあるんだけど、あらためて見るとこんなだったかあ、と。何をそんなに守ろうとしていたのか、ほんとにかわいいなって思うんだけど。

高橋　「冗談画報」に出てくる人たちってわりにそういうアプローチをしていましたよね。テレビなんて出ちゃってますけど、というような。

太田　でも俺はそうは思ってないんですよ。何かしなきゃと思いつつ何も出来ずうつむいちゃっているという……本当に怖いだけ。なんの手段もない、取っ掛かりもない。手も足も出てないんですよ。だから「冗談画報」の直後に爆笑問題がコントから漫才に変えてるのもそこが関係してるんですよね。コントをやってウケたあとトーク、という風になったときに何も出来なくて、このままいくと単なる気取った奴になるしかないと思った。そういうことがあって漫才に変えたというのがあります。

田中　俺もおんなじ気持ちでしたね。

高橋　で「GAHAHAキング」のあとに「ボキャブラ天国」出演となるわけですが、当初制作会社ハウフルスの社長菅原さんが「ガハハとかに出てるイキのいい若手でなんかやろう」と言っていたのを憶えてます。その後、爆笑問題は大ブレイクしました。

太田　だんだん本気になってきて、スタジオでガーッと前に出ていくのは結構意識してやってましたね。出ている全員をひっぱりこもうという意識もありました。階段から落ちてケガしたりもしましたけど。

高橋　今はおなじみとなっている太田光がガーーッと前に出る芸風はあそこが原点だったわけですね。

ハマるということ

高橋　九五年から、創設したてのタイタンのライブに私はコント台本や演出で参加するわけですが。

太田　合同コントのネタもあらためて読んで面白かったな。

田中　「朝生」のネタ（222頁）って本当によく出来ている面白いネタなんだけれども、あのころの俺たちのレベルだと無理だったね。今回この本で読んで笑ったもの、あのネタ。

高橋　音楽番組を作るはずが、だんだん「朝まで生テレビ」になってしまうやつですね。田中扮する田原俊彦マネージャーは、まわりが「タハラさん、タハラさん」と言ってるのに、最初から「うちのタワラは」って言ってる（笑）。観ている側はこの人たち誰なんだろ、という風に始まって、台詞のなかにいくつかヒントが隠されていて……というパターンですね。

太田　そのパターンの最初は「笑点」コント。

高橋　どこかの控え室に、誰だか判らない老人や中年の男が集まってきて、他愛の無い話をしてるのね、ラーメンの話とか、卓球の話とか。しかも中にはずっと黙ったままの人もいて、決してなごやかではない。ギャグらしいギャグも全然ないからお客さんが「なんだ？これは」と思うようなつくりで。最終的に全員が色の違う着物に着替えるから「笑点」の楽屋だったのか、と判るワンアイデアのコントね。

田中　DVDに入れたコントでいうと、時計の読み方が分からないコントは台本の段階でゲラゲラ笑ったなあ。

高橋　オリンピックは知ってるけど、冬季オリンピックは知らないとか、タバコはカートンで買うものだと信じ込んでるやつとか。「あることをまったく知らない者」パターンも好きなんですよ。でも、僕の書くコントは爆笑問題が演じるから面白いというのがあるんですけれどもね。

太田　本文を読んで思ったのは、高橋さんは田中を面白いと思ってるんだなって。それはちょっと意外でしたけど。

田中　ほめてもらって嬉しいけど……。

高橋　あれはね、ほめてるつもりはまったくないんですよ。

田中　ええ？（笑）

高橋　単に事実を言ってるだけというか。これは振り返ると私の師匠であるところの宮沢章夫さんのメソッドなんですよね。ラジカルの台本を書いたり演出してたとき、宮沢さんが「俺やっと斉木（しげる）さんが見えた」って言ったんだよね。斉木さんはこうすると面白い、これがハマる、ということを発見したわけです。それに近い感覚を私は田中くんに見た、といいましょうか。

　最近でうまくハマっているのはラジオの「感染列島2」のコーナーでしょうね。『感染列島』という映画で田中くんが一般人の役を演じていて、しかも泣かせ役なんですね。ぼくが新宿のバルト9で観たときに、帰り道チャラチャラした男が「でも田中裕二はいい味だしてたよな。最後には泣けたよ」って感想を言いながらエスカレーターを降りてきたんで、これは本物だ（笑）と。

田中　ベタな感想だなあ。

高橋　それで番組で「なんでもないせりふを田中が情感こめて言う」というコーナーが出来たと。この映画に関しては、ちょっと調子に乗っている田中くんを見逃さなかったんですよ（笑）。番組中のトークで「どうですかアカデミー賞とか取ったら」ってわざと持ち上げた流れになったとき「そんなわけない」というリアクションじゃなくて、「あれは役として小さすぎるからノミネートされた他の人に悪いよ」というようなことを言ったんで（笑）。

田中　はははは。

太田　頭がおかしい。

高橋　このコーナーに関しては、配給会社の東宝が怒らないかな、田中くんが役者として「それはちょっと」って言うかなと気にはしたんですが。

田中　言わねえよ（笑）。

高橋　そういう心配が、俺の慎重でおっちょこちょいなところですね。

いまが一番面白い

高橋　ラジオの話が出ましたが、タイタンライブ開始と同じぐらいの時期にTBSラジオで「爆笑問題カーボーイ」が始まりました。最初は深夜で、あとは現在同様に火曜一時〜三時。火曜になってから以後私は構成作家として参加しています。

昔から欽ドンとかの投稿番組をよく聴いていて、スタッフとして関わっている今に至るまで投稿は面白いな、とずーっと思いつづけてるんですが、渡辺鐘さんとも話したんですけど、実感として今が一番面白いんじゃないかという気がするんです。リスナーのネタのレベルがものすごく上がっていますよね。

太田　それはレベルアップしてると思います。というか、お笑いは常にレベルアップしてるんですよ。昨日「誰でもピカソ」の最終回に生電話で出たんですけど、オンエアを見てたらたけしさんが「はんにゃは55号（コント55号）そのものだよ」って言ってたの。あと、オードリーはダイラケさん（中田ダイマル・ラケット）みたいなやりとりで、とかね。どちらも言ってみりゃベタな芸なんだけど、たけしさん曰く、全然はんにゃとオードリーのほうが面白い、と。笑わせどころのレベルが上がって、さらにベタな笑いだから、なお面白いんだ、って。

高橋　よくわかる。視聴者の目線も高くなってる、というのもありますよね。水深二メートルのプールに浮かんでいたのが、水深五メートルになったらそのまま上がるというような。

鐘さんもリスナーのレベルの高さを賞賛してました。で、そこで自分でも思いついたネタを投稿にまぜることがある、という話をしたんですが……私もときどきやるんですよ。

太田・田中　へえー。

高橋　これはバラすきっかけを失っていたのもあるんですが、単行本記念ということで話しておこうかなと。ラジオネームで笑わすパターンで「中野五中OB（嘘）」というやつ。

田中　あーー、あったあった！

高橋　太田が（嘘）と言うまえに田中くんは予想通り「あそこのOBは誰々だぞ」とか調子に乗ってさんざんリアクションするんで、想像以上だなこの人は、と嬉しかったね。「（嘘）」って言った瞬間、悲嘆にくれたでしょう。なんでそんなことするの⁉って。なんでそんなことをするのかと言えば、田中くんが田中くんだから、なんだけど（笑）。

田中　全然気づかなかった。高橋さんがそういうことするのが意外ですね。

高橋　あと何で今まで黙ってたのかもよく判らない（笑）。

安心できる存在

――最後に、爆笑問題にとって作家高橋洋二はどういう存在なんでしょう。

太田　そりゃもう、全幅の信頼をおいてますよ。

高橋　鐘さんとの対談でも褒めあいになりましたが（笑）。

太田　高橋さんに任せときゃ安心というのはあります。それはもう不動だよね。

田中　長い付き合いもあるし、ぼくらの特徴をよく知ってくれてますしね。それにベタからシュールまで、ありとあらゆるレパートリー、ボキャブラリーがある。

太田　「サンデージャポン」とかのMCでボケると いう場合に、俺が言いそうなことを候補としてずらーっ挙げてもらいますよね。いくつかの中から選べるようにしてくれる、というのが一番安心できるわけです。それは頭の中が白紙になった場合の保険としてあるんだけど、いろんな見方をするためのヒントでもある。高橋さんは、本当にプロフェッショナルなんで、ある一定のレベルとボリュームは絶対に保ってくれるという安心感があるんですよね。他の作家だと不安になることがある。圧倒的に違うんですよ。それは、本文にもある「タモリ倶楽部」に最初に出たときの台本（219頁）を見たときから、すごいなこの人はと思ってましたから。

高橋　プロフェッショナルという意味でいうと「サンジャポ」ではどんなにシリアスなVTRのコメントにも必ずボケ案を出す、というのは心がけています。あと、まさか言わないだろうと思って書いたのが採用されると嬉しいんだよね。たとえばシャラポワが話題になったとき、シャラポワの紹介についてのボケ案をいろいろ書いていて〈身長は一八二センチ〉に対するボケで、つい「すごいですね、吉田照美さんと同じですよ」って書いちゃったんですよ（笑）。太田くんはそれを堂々と言ってました。

太田　たまにありますよ、絶対言えるわけねえ！というのが。

高橋　家でオンエアを見てるときには奥さんと「これ書いた？」「書いた！」というやりとりをしょっちゅうしてますよ。太田くんが考えた、橋下徹・八代英輝弁護士への「青空有罪・無罪」というフレーズにはジェラシーを感じましたね。あと高橋ジョージさんは、俺が考えたボケでかならず笑うんだよね（笑）。

田中　高橋つながりだ。

太田　使わないネタもいっぱい出てくるわけですけど……こういう笑いの作り方はあんまりないのかもしれないけど、俺にとっては一番贅沢な作り方なんですよね。

（二〇〇九年三月二十一日／阿佐ケ谷・タイタン事務所にて収録）

世界一の映画都市（たぶん）東京で失敗せずに映画鑑賞するための映画館ガイド

ごあいさつ

昭和五十年代のはじめ、中学生だった私がよく通った映画館は地元のテアトル鎌倉や藤沢みゆき座などのいわゆる二番館。どうしてもロードショーで観たい作品は高額の電車賃を払って銀座のテアトル東京や旧・丸ノ内ピカデリーなどに出掛けた。高校生になると都内の名画座めぐりも覚えるようになる。早稲田松竹で『タクシー・ドライバー』『狼たちの午後』の二本立てを観た後飯田橋佳作座で『駅馬車』『シェーン』の二本立てを観たなんて日もあった。浪人生時代に旧・京橋フィルムセンター通いを始め、大学では映画研究会に所属して、部員たちと本数を競い合うように本腰を入れてあらゆる映画館に通った。多い年で年間二百本、これが「まともな映画好きの大学生」としての限界だろうとうちの映研ではひとつの物さしになっていた。ぼく去年は三百五十本観たよとかいう奴がたまにいると尊敬というより、ちょっとお前おかしいんじゃないか？　本読んだり音楽聴いたりしないの？　と負け惜しみみたいな感情を持ったものだ。

放送作家として社会人になり二十余年、その間まわりからは一応、「映画好きの高橋」で通ってはいたものの、その実映画館にはあまり行けてなくて、ひどい時は年間二十本以下の年もあった。

程度の差こそあれ、読者の皆さんの多くがその当時の私のように「若い頃に比べて今は映画館に行ってないなあ」と感じているのではないだろうか。

しかし。私は九〇年代の末、都心にもシネコン（複合映画館《シネマ・コンプレックス》）が建ち始めた頃から本数は再上昇カーブを描き始め、ついに今年は上半期で九十六本、映画館で映画を観ている。自分が「映画」に帰ってきた充実感はかなり心地良い。

そして強く思った。どうか皆さんにも若い頃のように再び映画館に足を運んでほしいなと。今、若い人で、新作映画はレンタルＤＶＤで観ている者達にも言いたい。それは順番が違うぞ、と。基本的にまず映画館で観て、いい映画だな、もう一度観たいな、所有したいな、ＤＶＤとはそう思った時に借りたり買ったりするものと心得ていただきたい。映画好きならば。

という訳で本稿は元・映画好きの諸兄、映画好きになりかけの若者たちに贈る「失敗せずに映画鑑賞するための東京映画館ガイド」である。

どんな「失敗」が待ち構えているのか？

判る人には判ると思うが、映画館には快適に映画を観る行為をジャマする敵がいっぱいいる。前の席に座る大男や、袋菓子をバリバリ音を立てて食べる老人、携帯電話で時刻を確認するのはマナー違反じゃないと思っている若者、ピントを合せられない映写技師、己れの尿意などなど数えきれない程だ。それらに遭遇してしまう失敗を回避するにはどうしたらいいのか、これからガイドしていくのだが、概ね、次の一点を守ると多くの問題点がクリアになる。

「人の座らないエリアに座る」である。言っておきますが私はどっちかというと気が小さく神経質で、上映中の場内でのちょっとした物音や光でイラついてしまうきらいのある者だ。同様のタイプの人に、まず、この方法をおすすめする。「人の座らないエリア」とはズバリ、前方である。人によって座る場所の好みはまちまちだろうが、少々無茶苦茶なことを言うと「前方の中央の席が好きになること」をおすすめする。私もかつては後ろの方で観ていたのだが、映画館はその辺に人が集中する。迷惑な人の発生率も高いので前へ前へと移っていくと、前方の方が環境も良いし迫力もある。視界いっぱいにスクリーン、という状況に対して目も体も慣れてくるものなのだ。取り分けベストは劇場内を横断する通路を背にしたまん中の席である。椅子の背中を後ろから組み足でキックされることが無いからだ。今はシネコンに限らず既存の映画館も全席指定が増え、窓口であらかじめ席を選ばなければならない。その際窓口のスタッフは座席表を示し「このあたりが観やすいです」と勝手に後方をすすめてくることがあるが、そんな所に座ると、場内で混んでるのここだけじゃないかと入場後に気づくことになる。「前から三列めは今どうなってますか」と尋ねてみよう。「すべて空席です」「ではその列のスクリーン中央の席をお願いします」これで、いいのだ。

尿意に関しては、一時間程前と、直前に用を足しておけば割に安心だが、事前の食事などでアルコールを摂った場合は別、尿意は必ず襲って来る。その時はしょうがないから静かにすみやかにトイレに立つしかない。ちょっとぐらい観てなくてもストーリーが判らなくなることは、あまりない。

袋菓子の老人に関しては、彼らは神出鬼没ではなく、既存の映画館、それも都心からやや離れた場所によくいる。王子で『長崎ぶらぶら節』を観た時は客が私と老夫婦一組だけだったのだがその夫婦が上映中に菓子パンとせんべいを色々な音を立てて食べるのだ。気になってしょうがない。でもお二人にとって地元の映画館でこうして何か食べながら映画を観るのが永年のお楽しみなんだろうなあと思えばひとつの風情ある光景である。このようにいざとなったら自分を「寛容な人間」に変えるセルフマインドコントロールも必要だ。

シネコンと映画館ってどうちがうのか

八〇年代の後半は新宿区大久保の職安通り近くのマンションに住んでいた。大好きな新宿ミラノ座、新宿プラザを擁する歌舞伎町の映画街に近いからだ。当時は新宿オデヲン座や新宿オスカーなど東亜会館の劇場は四館すべて、毎日オールナイトを実施していた。しかし場内ではホームレスの人たちがあちこちで座席四つ分ぐらいをベッドがわりにして休んでいて、たいそう臭かった。隣のビルにあった小さな映画館は階上がディスコで、上映中は劇場が小刻みに揺れた。ピンからキリまであった新宿の映画街を中心に、銀座、渋谷の大劇場、池袋、中野、三鷹、大井町の名画座、六本木、青山のミニシアター、あと牛込の成人映画館などでさしたる危機感も持たずに映画を観ていた。これからも観続けるんだろうなと思っていたら、九〇年代に入るあたりから、それらが物凄い勢いで次々と無くなっていくのだ。略称で列挙すると、セントラル、パンテオン、文芸坐、武蔵野ホール、オスカー、武蔵野館、シネ・ヴィヴァン、キノ青山、牛込文化だ（もちろん、三軒茶屋や目黒などの名画座は今も健在だし、文芸坐は新文芸坐として蘇った。この健闘し続ける名画座群については後述する）。レンタルビデオの普及による客離れや土地代の高騰、建物の老朽化、しかし建て直す見通しは立たず、といった理由と、もうひとつの大きな潮流「シネコン」の普及によるものだろう。この流れは東京のみならず、郊外や地方都市でも同様である。

さて、このシネコンとは何か？

「シネマ・コンプレックスとは、同一の運営組織（興行会社）が、同一所在地に名称の統一された複数スクリーン（映連の基準では、5スクリーン以上）を所有し、ロビー、チケット売り場などを一カ所に集めた、欧米で発達した劇場スタイルで、日本語では〝複合映画館〟と訳されている」（『映画プロデューサーの基礎知識』キネマ旬報映画総合研究所編）

関東では九三年にオープンしたワーナー・マイカル・シネマズ海老名がシネコン一号館である。その後次々と日本列島各地の郊外に、ユナイテッド・シネマ、109シネマズ、Tジョイ、MOVIX、TOHOシネマズといったシネコンが次々とオープンする。日本の映画館数（スクリーン数）は、一九六〇年の最多7457スクリーン以降、ほぼ毎年減少していたが、この年九三年の1734スクリーンで下げ止まり、翌年は1747と、わずかながら増加を見せ、そのまま少しずつ上昇し続け〇四年には2825スクリーンを有するようになる。

当初は既存の映画館街がある町の近くにシネコンは建てちゃいかんといった映画館側を保護する取り決めがあったらしく、早稲田に住む私にとっては、遠い存在だった。その後、件の取り決めが横浜で破られ、地方でも高知をはじめ各地でなしくずしになり、都内周辺でもちょっと足を伸ばせばシネコンなるものに行けてしまうぞ、と気がついたのが九八年、フジテレビでの仕事の帰りにお台場のシネマメディアージュで『パーフェクト・ストーム』を観たのが私の遅いシネコンデビューである。吹き抜けの広々とした清潔なロビー、前もって座席指定できるから混んでても入場前にドアの前に並ばなくていいシステム、大きな数字のついたかっこいいドアが長い廊下に続いている様子、上映が始まれば二百四十三席（シアター6）という中規模な大きさの劇場ながらスクリーンそのものの大きいこと、画質・音質ともに素晴らしいこと、私はいっぺんにシネコンに心を奪われた。場内は階段式なので、どんな大男が前に座ってもスクリーンの視界は妨げられることはない。かなりゆったりしたシートにはカップホルダーがついている。水かウーロン茶を飲みながら映画を観る私にはうれしい限りだ。

そして何より、平日なのに最終上映が午後九時近くのスタートだ。週末の土曜日ならともかく、この時刻からよりどりみどりで映画を選べるとは！　私はいっぺんに心を奪……ってさっき書いたか。シネコンとは、ピンキリの映画館のピンと同じレベルの音質画質をほこるものと理解した。九八年に出掛けたシネコンは、西は東武練馬のワーナー・マイカル・シネマズ板橋、東はワーナー・マイカル・シネマズ市川妙典。まだまだ遠い。もうちょっと近所にシネコンができないものかなあと思ってたら、ぐっと近くの木場に109シネマズ木場がオープン、さらに品川に品川プリンスシネマがオープン、そして極めつきが〇三年四月のヴァージンシネマズ六本木ヒルズである（現在はTOHOシネマズ六本木ヒルズ）。

無敵のハードTOHOシネマズ六本木ヒルズ、素晴らしいユナイテッド・シネマとしまえん

この時点で私はもうかなりのシネコン巡りをしていて、前述のシネマメディアージュ初体験時の高音質、高画質など、驚きの数々はすでに「あたりまえのもの」になっていた。ところが。このTOHOシネマズ六本木ヒルズは何もかもが、今までのシネコンをはるかに凌ぐクオリティとキャパシティを有していた。まず驚いたのは大中小八つの劇場がすべて、THX規格に準拠していることだ（現在はTOHOシネマズ市川コルトンプラザも全館THX）。THX規格とはその映画館の音響と映像が一定の基準以上の高品位にあることを厳しく検査を受けた上で与

えられる、いわば映画館における三ツ星マークみたいなもので、都内のシネコンでもやっとひとつの劇場だけ入ってます、といったレベルの怖れ多い紋章なのだ。私はすでに一回、立川シネマシティで観た『13デイズ』でＴＨＸを体験済みで、こんなにでかい音が映画館で出せるものなんだと感心して笑ってしまった。ちなみにこのＴＨＸ、でかい音だけじゃなくて、映画館内が外からの雑音を完璧に遮断できている事も基準のひとつである。

とにかくどの劇場でも予告篇から音がでかくてクリア、スクリーンは今まで観たどの映画館よりもコントラストがはっきりしている。白いところは白く、暗いところは暗い。当シネコンの特徴は、●金土、祝前日のみならず木曜日も全館でオールナイト上映●平日も最終上映が作品によっては夜十時前後まで有り。●本編上映前に「私語禁止」「携帯電話の電源禁止」「禁煙」さらに「前の座席のキック禁止」のマナーＣＭを上映。●「トム・クルーズスペシャルＮＩＧＨＴ」や「衛星中継によるＷ杯パブリックビューイング」などユニークな企画を実施。などがあげられるが、個人的に六本木や麻布十番は仕事で毎日のように出向くエリアなので、会議や台本書きの前後に一本観られるのが心地良い。ただ六本木ヒルズの複雑怪奇な動線により、当シネコンまでたどり着くのが大変だったという人も少なくないと聞く。いいことを教えますと、けやき坂通り側から入って大屋根のふもとのショップなどが入っている建物（けやき坂コンプレックス）の自動ドアをふたつ過ぎた場所に二基のしゃれたエレベーターがある。それに乗り３Ｆで降りれば、そこはチケット売り場のすぐ脇だ。我々夫婦は「魔法のエレベーター」と呼んでいる。

まさに日本最大のシネコンチェーン、ＴＯＨＯシネマズのフラッグシップにふさわしい規模と内容なのだが、少々注文をつけたい点もある。前述の特集上映や『タブロイド』『グッドナイト＆グッドラック』のような良質な作品の単独上映等は結構なのだが、いかんせん通常上映作品のラインナップが凡庸だ。ジブリ作品や『ダ・ヴィンチ・コード』など大量動員が期待される作品は大小二〜四館のスクリーンを占め、小品がはじき出されてしまう。またよその単館系の思わぬヒット作、秀作を編入させるフレキシビリティに欠けている。

私の、今年上半期・洋画のダントツ一位『ブロークバック・マウンテン』をとうとう六本木ヒルズでは上映してくれなかった。渋谷のシネマライズで単館ロードショーされたこの作品、噂が噂を呼び予定より多くの映画館でムーブ・オーバーされた。同じ系列のTOHOシネマズ錦糸町で出来たことがなぜ出来ないのか？　私が上半期で観た新作映画は邦洋合せて七十八本、うち三分の一以上の二十八本をTOHOシネマズ六本木ヒルズで観たが、邦画のランクインはゼロ、洋画で二本だけという成績はどうだろうか？　一個人の評価ゆえ一般論として通用しないかも知れないが、TOHOシネマズ六本木ヒルズは観たい映画を選んでくれないなあ、逆に観たくもなんともない映画を幾週も上映し続けてるなあ、と感じる事は正直、多い。

その点、ユナイテッド・シネマとしまえんは、ほぼ文句のつけようがない番組編成だ。上半期ここで観た新作はたった五本なのに私のベストテン邦洋合せ三本がランクインしている。しかも『ヒストリー・オブ・バイオレンス』や『インサイド・マン』をはじめ、私の二十本のうち九本を上映済みだ。シネコンとはかくありたいものだ。都心からやや遠いのが難点だが、おかげでいつも空いている。平日の昼下がり、陽光のふりそそぐユナイテッド・シネマとしまえんの開放的なロビーで、夕方スタートのチケットを購入、歩いて天然温泉「豊島園　庭の湯」に直行するのだ。露天風呂やサウナ、温水プールやジャグジーでのんびりしてレストランで季節の天ぷらでビール飲んで、ざるそばを食べてちょっと昼寝、陽が沈む頃もうひとっ風呂浴びて庭の湯を出てから観る映画は最高である。もちろんハードとしても最高レベルで上映前にスタッフが劇場のドアを閉めるとそれまでうっすら聞こえてた外の喧騒がピシッと無音になる瞬間がたまらない。映画のあと焼鳥屋に行っても大江戸線の終電には余裕がある。非常に安上がりで数々の娯楽をいっぺんに享受できる、天国のようなスポットと言えよう。「トイザらス」もあるので家族におもちゃのひとつでも買って帰れば、一人でいい思いしてすいませんとあやまらなくてすむ。

というわけで都内のシネコン、二大キングは六本木と豊島園である。もちろん皆さんの住む町のシネコンも素晴らしいはずだ。私は著しくダメなシネコンを経験したことがない。

ニューオープンのミニシアター、健闘し続ける名画座群はすべて賞賛に値する

私の上半期邦画ベストテンの観賞劇場にユーロスペースが三つも入っている。かつて『ゆきゆきて、神軍』などを上映した渋谷の桜丘町にある、あの映画館が、渋谷の円山町のQ-AXビルに引越ししして今年の三月にリニューアルオープンした新しいミニシアターである。旧ユーロスペースはいわば居抜きで今はシアターN渋谷と名前を変え、やはり良質の作品を上映している（ややこしい）。このQ-AXビルにはB1と2FにQ-AXシネマ1・2が入り、3Fがユーロスペース1・2、いずれも単館系のロードショー劇場だ。さらに4Fには名画座のシネマヴェーラ渋谷がオープン、ここでは七月二十一日まで〈女優・山口百恵1973―1980〉、二十二日からは〈小津安二郎、いつもと変わらぬ一〇三回目の夏〉を特集上映する。後者は日本映画の王道を行く企画だが、前者は『伊豆の踊子』『古都』など主演作群のみならず『昌子・淳子・百恵　涙の卒業式　出発《たびだち》』なる、滅多にお目にかかれないシロモノまで引張り出して来た。Q-AXビルの五つの映画館は、まあどれも品が良い。しかもQ-AXシネマ1はTHX準拠である。

同様にユニークかつ実力派の複合ミニシアターが同じ頃六本木にオープンした。シネマート六本木である。小さな劇場が四館入った当館はなんと業界初の「アジア映画専門シアター」。韓流、華流に始まり、香港の最新カンフー映画、日本の七〇年代カンフー映画なども上映、私はアジアの国々が仲良くするのは良い事だと思う人間なので、シネマート六本木には敬意を表する。グッズ販売も充実、イベントホールもあるので、今までテレビのニュース映像の中でしか見たことが無かった韓流好きおばさん達を生で見ることができた。

このように多様な自主性を持ったミニシアターがオープンし、多くの映画ファンに拍手で迎えられている様子を見るにつけ、私はふと、ひょっとして東京は世界に誇る「映画の街」になったんじゃない

か？　と考える。この二館の登場にも必然を感じる。というのも、ここ何年かで既存の名画座やミニシアターでの特集上映は、回数も増え、またそのクオリティがかなり研ぎすまされてきたからだ。八〇年代まで名画座の特集上映の定番は判で押したように怪獣もの、仁義なき戦いシリーズ、そしてひと握りの名匠の作品群に集中していたように思う。もちろん私はそれら全部をありがたく拝見した。するとそのうち「またゴジラか」みたいになり、じゃあレンタルビデオで昔の吉田喜重でも観るかとなる。そういうパターンの映画館離れもファンの間ではあったはずだ。そこで一部の賢明な映画館主は、映画史には燦然と輝いてはいないものの、まだまだ映画ファンに観られるべき作品群をいい意味で手当り次第スクリーンにかけた。今はない大井武蔵野館、中野武蔵野ホール、高田馬場パール座などで上映した、「渥美マリ特集」「堀川弘通監督特集」「ヴィレッジ・シンガーズ特集」などの意志を、今しっかりと多くのミニシアターが受けついでいる。池袋の新文芸坐（「脇役列伝〜脇役で輝いた名優たち」）、ラピュタ阿佐ケ谷（「銀幕の東京〜失われた風景を探して」）、渋谷シネマ・アンジェリカ（「スイス映画月間」）、シネマアートン下北沢（「オキナワ映画クロニクル２００６」）、ポレポレ東中野、キネカ大森、ああ書ききれない、とにかくあっちでもこっちでも「うわ全部観たい」と思う特集上映がひきもきらない。もちろん老舗の千石・三百人劇場も、野村芳太郎監督や田坂具隆監督のかなりコンプリートな特集上映で貫禄を見せている。

このような情報はどこで得られるかというと手っ取り早いのはやはり「ぴあ」だ。最近、映画館スケジュールページが圧縮され、地図も省略されてしまった（かわりに映画館の住所を掲載。どういうことだ）。しかし必要な情報の多さと速さは他の情報誌よりずっと確かだ。本稿もぴあを参照しながら読むとわかりやすいと思う。あと、今はどこのミニシアターも、よそのミニシアターのチラシ類を大量に置いている。私も気になったチラシは常に数種類はファイルに入れて携帯している。

旧作の特集上映ではなく、ロードショー上映が終った作品を主に二本立てで上映する名画座も忘れてはいけない。早稲田松竹、飯田橋ギンレイホール、新橋文化、目黒シネマ、三軒茶屋シネマ、三軒茶屋中央、下高井戸シネマだ。共通するのはどこも客のマナーがいいことだ。地元の映画ファンに愛されており、休館、復活のプロセスなど美談の宝庫にもなっている。見逃した作品をつかまえるには持ってこいだし、ぴあでこれら名画座の上映ラインナップを一覧するだけでも、映画ファンに愛されている映画（評論家たちがほめちぎった作品でなく）が何かが判る。『天空の草原のナンサ』が引張りダコなのを見ると私はロードショーで観て大興奮したクチだから我が事のように嬉しい。ガード下にある新橋文化は忘れもしない高校二年の時に初めて『フレンチ・コネクション』を観た名画座だが、三十年近く経った今も変わらずスクリーンの両サイドにトイレがあり、電車が通るとレールの音が響く。それが気にならなくなってくるから不思議だ。

既存の映画館についてもひとこと

シネコンだ、ミニシアターの特集上映だと言っても、銀座、渋谷、新宿、池袋、吉祥寺などはまだまだ既存のロードショー館の街である。銀座では日本劇場が改装、日劇PLEX1と改名し、今なお大バコの風格を漂わせている。日比谷スカラ座2がみゆき座に、ニュー東宝シネマが七百席以上あった場内を原形が判らなくなる位の改装ののち四百席のピカピカの映画館に生まれ変わりなんと有楽座を襲名。全シートでカップホルダー付きがデフォルトになっている。

そんな中、渋谷のル・シネマ、恵比寿のガーデンシネマの場内の飲食一切禁止ってのはどうだろうか？　ガーデンシネマは上映前にそれらを見張る目的で、係員が場内をゆっくり巡り我々観客を監視する。不愉快この上ない。上映する映画がいいものばかりなので余計残念だ。あとここはスクリーンサイズが横長の「スコープサイズ」の作品を上映する時、スクリーンの上下がせまくなる型で横長状態を形成する。本末転倒である。画質音質はこの上なく良い。困ってしまうよ。

そして新宿、問題の新宿である。大バコの新宿ミラノも新宿プラザも健在だ。だがもうひとつの大バコ、新宿ピカデリーが今年の五月に閉館した。そして建物ごと生まれ変って二年後にシネコンとなる。

それよりひと足早く、旧・新宿東映があった場所に新宿初のシネコンが建つ。こちらは〇七年オープンだ。映画街にシネコンがふたつ。こんな街は世界中探しても見つからないのではないか？　大打撃をモロに食らうのはまず新宿武蔵野館１・２・３だろう。いい作品ばかりチョイスする百席前後の小さなロードショー館なので常に満員の素晴らしい映画館だ。スタッフの働きぶりもてきぱきとして賞賛に値する。歌舞伎町の東亜会館はどうだろうか？　ここの４Ｆにある新宿グランドオデヲンのロビーには窓があって、見降せば、ミラノ座、東急、ジョイシネマ、トーア、プラザ、そしてコマ劇場までがぐるりと一望できる。

既存の映画館のことを考えると、正直、さみしさを禁じ得ない。

最後に明るく陽気に締めるために今年の夏から下半期にかけての注目作に触れておこう。文句なしの娯楽作品としては韓国映画『グエムル　漢江の怪物』だろう。不安そうな表情の女子高生のうしろに見たことのない巨大な生きものの一部がぼやけて見えるスチールだけ見ても、スタッフが正しい特撮の作り手であることが明白だ。ＣＧはピントのぼやかし方が肝心なのだ。

アメリカ映画は９・11関連の作品がここに来て連打されてくる。四機のうち一機だけテロに失敗した旅客機内を描いた実話に基づく劇映画『ユナイテッド93』は、どういうことになっている映画なのか？『ワールド・トレード・センター』はオリバー・ストーン監督が再起を賭けて取り組んだ作品らしい。ブライアン・デ・パルマ監督の新作はなんと『ブラック・ダリア』だ。どこが明るく陽気なラインナップだ。

そして今年はクリント・イーストウッド監督の太平洋戦争〝硫黄島二部作〟『父親たちの星条旗』『硫黄島からの手紙』で締めくくられるわけだが、二〇〇六年はアメリカ映画、韓国映画、香港映画の充実ぶりが記憶に残る年になりそうだ。私自身の〝夢の二百本越え〟の記録と共に。

（「小説新潮」06年８月号）

＊

〇七年オープンの、旧・新宿東映跡地に建つシネコンはバルト9、これがまた夢のように素晴らしいシネコンなのである。丸井の高層部の9F、11F、13Fのスリーフロアに位置しており、落ちついた華やかさにあふれた内装が他のシネコンにない大人感を醸し出している。そして、ついに出ました、平日でもミッドナイト上映！ 仕事を夜中に終え、最終近くの地下鉄でバルト9にすべり込み、二十四時過ぎの回の上映を観て、午前三時ぐらいに家まで歩いて帰る、なんてことを私はこれまでに百回近くやっているのではないだろうか？

番組編成も素晴らしく、単館系の作品『たみおのしあわせ』『アクロス・ザ・ユニバース』なども積極的に上映、また現在は不定期だが、旧作を気まぐれなセレクションで上映する企画もある。『無法松の一生』『青春の蹉跌』『渚のシンドバッド』と、時代もジャンルも幅広い中からチョイスするのだ。

また全9スクリーンにデジタル上映の設備があり、『ディパーテッド』『スピード・レーサー』『WALL・E』などなど、数多くの作品がDLP上映された。こちらも旧作の『ブレードランナー ファイナル・カット』『ゴッドファーザー』のデジタル・リマスター版がデジタル上映された。13Fにある喫煙所もとても居心地が良いし、私はオープンから毎日のようにバルト9に通っている。

そして〇八年、旧・新宿ピカデリー跡地に、シネコンとして生まれ変った新宿ピカデリーがオープンした。期待がふくらみ過ぎていたせいか、こちらには数々のがっかりを覚えた。まず建物に仮設感があること。プレハブっぽいと言うか、重厚な感じが無い。なんでも、今後場合によっては上映スペースを店舗などにも造り変えられるように設計されているとか。そして喫煙所が全く無い事も、そりゃないだろうと思った。上映前に必ず一服する私としては、ここからかなり歩いたゲームセンターの灰皿を利用することになる。ちょっとキツい。また上層部にあるスクリーンで観ることになると、殺風景なエスカレーターをえんえん乗り継ぐことになり、この動線もどうかなと。あと最終上映が平日だとせいぜい二十二時ぐらいまで、というのも肩透かしを食らわされた感じだ。

しかし、平日は一列めの席なら千円というサービスや、何かと千円になるクーポン券を配っているのは良いことだ。それらをやりくりして、六本観たら次の一本は無料になるし。

また上映作品のチョイスにもだんだん独自のものが出てきている。これからに期待することにしよう。

あと、ユナイテッドシネマは豊洲、としまえん、浦和などに通ってみて判ったが、「音がバカでかくない」のだ。ゆえに隣接する劇場からの「音もれ」は無いのだが、バカでかい音で観たい作品の場合、若干もどかしさを感じることもある。

本文に登場した映画館で、新宿プラザ劇場は〇八年十二月に閉館した。コマ劇場を中心とした建物ごとリニューアルされるらしいが、その中に映画館が入るかどうかは未定とのこと。さらにゆくゆくは新宿ミラノも閉館、これは本当にさみしいことだが、こちらはシネコンになるらしい。どうか一番大きなスクリーンは旧・ミラノ座の雰囲気を残した大バコにしてほしい。

そして何より文中のその他の名画座群の多くは今も健在である。旧作を映画館で観る環境が定着しているのはファンとして一番嬉しいことである。

世界一の映画都市は、（たぶん）ではなくかなり本気で東京なのではないか？

一読して万博通になれる　愛知万博非公式ガイド

三十五年前、六千四百万人を動員した大阪万博に当時八歳の私は熱狂した。シンボルゾーンの大屋根をつき破って立つ太陽の塔、ソ連館の巨大な赤、アメリカ館の白いドーム、発光する天平時代の建物・松下館……会場内にひしめくパビリオンはそれぞれに強烈な個性を打ち出した造型で、トイレやベビーカーや時計といった目につくものすべてに未知のデザインが施されていた。通算五回行った私は九月の閉幕日、テレビのニュースで会場の電光掲示板に「さようなら」と表示され、桜を型どったシンボルマークが小さくなって消える映像を見て大泣きしてしまった。万博が終って悲しい。まだ虹の塔にもサントリー館にも入ってないのに。以来私はもう行くことができない万博を心のどこかで追い求めながら年齢を重ねてきた。ポートピアやつくば博などにはあまり興味を持てなかった。規模が小さいし、大阪万博のパビリオンの方がかっこよかったし、なにより「万博」ではないからだ。

そして愛知万博、当初は瀬戸市の広大な山林を開拓、大阪万博を凌ぐ規模の会場を有し、「技術・文化・交流——新しい地球創造」なるテーマで開催する計画だったが、あっちこっちから物凄い反対運動が巻き起る。自然を破壊してはいけない、ということで瀬戸市は山林の南端に限られることになり、ここを瀬戸会場、メイン会場はやや離れた長久手町にもともとあった愛知青少年公園とし、しかも公園内の森林は手をつけず、運動場やテニスコートのあった場所にパビリオンなどを建てることになったのである。テーマも、技術が前面に来てはいかんと、「自然の叡智」に決まった。

大阪万博的な要素をことごとく禁じ手とされながらもどうにか開催にこぎつけた愛知万博だが、私はむしろ、石にかじりついてでも「万博」を開きたいのだなあ、という主催者側の執念を強く感じた。その気持ちはよくわかる。

開会されてすぐに行ってきた。

会場に入っての第一印象は木の香りである。大阪万博の会場が暑さで腐りかけた生ゴミの臭いが目立ったのとは大違いである。見上げればゴンドラ、その下には万国旗、ゆっくり走る電気自動車、これはやっぱり万博だと感じた。日立グループ館に長い行列ができ、こっちにはインド館、はるかかなたにスペイン館が見える。再び万博の現場にいると思うと夢を見ているような感覚や、今が一九七一年であるかのようなおかしな錯覚（毎年万博をやってほしいと八歳の頃に思ってたからか？）さえ覚えた。大阪万博とは姿形もテーマも全然似てないが、おそらく大阪も含めた他のすべての万博に共通の何かを確実に感じた。そんなこともあって全期間入場券（一万七千五百円）を購入した私は現在までで八回愛知万博を訪れている。

この愛知万博を、読者の皆さんにも混乱することなく見物していただきたい、そんな思いから今回、どんなガイドブックよりも使える万博案内をお届けする。

と大上段に構えてしまったが会場の地図や基本的すぎる情報（パビリオンて何？　とか）は省略して書くので、せめてガイドブック一冊ぐらいは用意して読んでいただくとより判りやすいと思う。そのかわりと言ってはなんですが今書店に並んでいるガイドブックで最良のものをお教えする。それは、ぴあMOOKの『賢く行く愛知万博』で、これは何度も会場に行った者にしかわからない情報がふんだんに載っている。正直言って私が書こうと思っていたことも先に書かれてたりするのだが、まだまだネタは豊富にあるから大丈夫。ちなみにこのガイドブックは名古屋のホテルや飲食店の紹介は省略してあるのでそのつもりで。

そしてこの名古屋のホテル事情が実は最大のネックなのだ。

名古屋周辺のホテルは平日も満室

いきなり絶望的な事実をつきつけて申し訳ないが、知っておかないとのっけからつまずいてしまう問題である。もちろん中には例外的に前日にひと部屋空きがあった、なんてこともあるので、まめにチェックしてみるのも手だが、これから夏休みをむかえて更ににっちもさっちも行かなくなるだろうから覚悟しておいた方がいい。この宿泊問題をクリアする方法としては、日帰りにする。新幹線でとなりの駅の近くにあるホテルをとる（思いきって京都とか）。知人宅に泊まる。などが考えられるが、実は意外と有効だったのが私の場合ホテルのメンバーズカード（会費無料のよくあるやつ）だった。

いつも利用していた大手旅行代理店でも七月になると名古屋市内のホテルはすべて満室、そこでカードのことを思い出してホテルに「メンバーズカードを持ってる高橋ですが」と直接予約を入れたらあっさり取れました。

ところで「平日も満室」というのは万博そのものが平日も盛況だからなのだが、それでもやはり土曜日が一番混む。六月の平日が十万人前後で、土曜日は十五～十七万人にものぼる。あとなぜか月曜日が次いで混むケースが多いが、この数字も夏休みに入ればさらに上がるだろう。ところがこの客足、傾向として誰もが混むだろうと思うような日にガクッと少なくなったりすることもある（五月五日の祝日が六万人台）。

さてホテルの予約をすませたらさっそく荷作りだが、必携なのはまず、デジタルカメラと予備のバッテリーと予備のメモリーカードである。ついつい一日で二百枚ぐらい撮ってしまうからだ。そしてスタンプ帳。ほとんどのパビリオンに来館記念のスタンプが置かれていて、どれもがお国柄が反映された素敵な図柄である。会場内で公式のスタンプ帳も売られているが、このスタンプ帳は紙質的にインクがにじんでしまうので要注意。私は丸善で買ったMOLESKINEのスケッチブックを愛用している。サイズも片手におさまるし、しおりもついており作業に手間取らない。なによりキレイにスタンプが押せる。会場ではスタンプを陣笠に押してる人や一枚のハンカチーフに押している人もいて皆それぞれに楽しんでいる。あとぜひ持っていっていただきたいのが熱中症防止グッズである。日傘、帽子、ゆったりした服装、そして会場内ではまめに水分を補給することも大切で、七月から会場のいたるところで冷水の無料サービスがスタートしているのでどんどん飲もう。そして万博は知らず知らずのうちにものすごく歩くので湿布薬なども重宝する。バッグは簡単に開閉できるショルダーバッグが最適である。外側にスタンプ帳が入るポケットがあるとなお結構。各パビリオンで配っている大小のパンフレット類を次から次へとバッグに入れることになるので背負うタイプのバッグはかえって手間取るし、そもそも人混みでは他人に迷惑になることが往々にしてあるので遠慮していただきたい。

また名古屋駅周辺のコインロッカーはすぐにいっぱいになる。荷物はホテルに預けるのがベター。

では、やっと、出発。

素晴らしい名鉄バス

宿泊先が栄でも金山でも、チェックインをすませたら、もう一度名古屋駅に戻ることをおすすめする。なぜなら会場へのアクセスの方法は名鉄バスのEXPOライナー（という直行バス）がベストだからである。JRの在来線を走るエキスポシャトルや地下鉄東山線とリニモを乗り継ぐアクセスが王道のように言われているが、これは待ち時間が至る所で発生するし座れない場合が多い。ところが名鉄バスの場合、JR名古屋駅に隣接する名鉄バスセンター四階に行きさえすれば全く待たずにゆったり座って三十五分で万博会場の東ゲートに到着できる。名鉄の手際はたいしたもので、客が立ち止まるのは乗り場近くのチケット売り場で往復チケットを買う時だけ。待機している観光バスは定員になり次第出発、するとすぐ次のバスがすぐあとにやって来るというピストン輸送なのだ。

開門時間の午前九時に東ゲートに到着した想定で書きすすめる。ここでチケットを購入することもできるが、できることなら地元のJTBかJR窓口であらかじめ手に入れておいた方がよい（大人四千六百円、シニア三千七百円）。

どのゲートでも荷物検査&金属探知機チェックがあるのだが東ゲートは利用客が少なめなのであまり

待たなくてすむ。メイン会場である長久手会場まで少々歩くが、多くの人が利用する北ゲートを途中で見おろせるポイントがあり、さっきの自分たちの五倍ぐらいの人がまだ会場に入れない様子をながめてまた、名鉄バスで来て良かった、と胸をなで下ろすのだ。

さあ、パビリオンだ。評判の日立グループ館、トヨタグループ館はどれかな？　なんて呑気なことを思いながらそれらの企業館に近づいた人はまずここで愕然とする。ものすごい人数の行列と「本日の予約はすべて終了しました」という表示を目のあたりにするからだ。

愛知万博の特徴のひとつに、「ひとにぎりの超人気パビリオンだけ、やたらと待ち時間が長い」が挙げられる。日立館の場合、常に二～三時間待ち、一度「三百六十分待ち」という表示を見たこともある。観覧する手段はみっつ。①まともに並ぶ。②開門時間より一時間以上前から待ち開門と同時にダッシュして列が短いうちに並ぶ。③ダッシュしてパビリオン横に設置してある当日予約端末に並んで予約を取る。以上である。ガイドブックにはパソコンによる事前予約も可、なんて載っているが、これはまず無理と考えてよい。あと開門時間より一時間前じゃもう効かないかも知れない。トヨタ館は開門してすぐと、午後二時に入場整理券が配られるが、午後二時配布のものを手に入れるには午前中から並ばなければならないだろう。

私は四月のある月曜日の朝、九時すぎから日立の予約端末に一時間以上並んでその日の午後七時台が集合時間の予約を取ることに成功した。がしかしその日は午後七時から「タモリ倶楽部」の会議があるのだ。万博会場から電話して「カゼひいちゃいました」と仮病を使おうか、いやそれはプロとしてはやってはいかんことだ……などとひとり悩み苦しみながらたたずんでいたら、五十歳ぐらいの男性客に声をかけられた。「これぼくもう観たからあげるよ」と配布されたばかりのトヨタ館の入場整理券を私に差し出すのだ。「入場締切時間十時三十分」とある。あと十分である。あまりの出来事に頭を混乱させながらもお礼を言って受けとりトヨタ館に向かった。五歩ぐらい走ってからもう一度振り向き、その神様のようなおじさんに「ありがとうございます」と深々と頭を下げた。しかしどうしておじさんは私を選んだのだろう？　さっき悩み苦しんでいる時、悩みの内容を声に出していたのだろうか？

しかしまあトヨタ館には大いなる余裕を感じた。企業館というものは、楽しい見せ物を要求されるさだめなのだが、人々が納得する映像やライドものや展示物は、大阪万博以降の日本にはその類型が各地のテーマパークにあふれ返っている。だがトヨタ館のロボットたちによる楽器演奏と群舞を中心としたショーは類型ではなく進化系だ。本物のトランペットをロボットが人間と同じ方法で演奏するだけでも相当な技術らしいが、さらに合奏させてみせたことがロボットの専門家たちを驚かせたという。別冊ロボコンマガジンによると、楽器の合奏は例えばダンスでは許されるようなわずかなタイミングがずれても気持ち悪さが目立ってしまうものなのだが、七体のロボットが複雑な指の動きを完全にシンクロさせてみせるのは並大抵なことではないという。それをトヨタ館側が声高にアナウンスしない所に余裕を感じたのだ。

そして日立館だが、私は未見である。ちゃんと仕事しに東京に戻ったのだ。この特別的なふたつのパビリオンははっきり言って相当な覚悟とプランが必要なので、限られた時間内で万博を堪能するなら外国館をたくさん見てまわることをおすすめする。

マンモスの時間を意識しながら楽しい外国館めぐり

愛知万博はメイン会場の長久手会場と、パビリオンが三つだけの瀬戸会場に別れており、両者は無料のモリゾー・ゴンドラや会場間燃料電池バスで結ばれている。長久手会場は、前述の日立グループ館などがある企業パビリオンゾーンがAとBの二ヶ所、外国館が地域ごとに集まっているグローバル・コモンが1から6までの六ヶ所、冷凍マンモスのいるグローバル・ハウス、長久手日本館や大地の塔がある日本ゾーン、そして万博史上初、市民が展示する側に加わった地球市民村がある遊びと参加ゾーン、サツキとメイの家がある広大な森林体感ゾーンによって構成されており、それらを結ぶのが一周二・六キロ、幅二十一メートルの空中回廊、グローバル・ループと呼ばれる「道」である。路面は歩いても疲れにくく、さらに会期終了後の再利用にも効く木材を使用、前述の木の香りとはグローバル・ループのものであった。

　北エントランスから時計まわりに各ゾーンを巡っていこう。ちなみに現在の段階で私がまだ入ってないパビリオンは七つだけ、もうほとんど見てるのでまかせて下さい。

　まずはグローバル・コモン1（アジア）、もう何でもいいからあまり並んでないやつから入ろうと、入口近くにあるサウジアラビア館に直行したくなるものだが、実はこれ大正解である。サウジはいかにも万博の外国館らしい気の利いた展示と、スケール感のある全周スクリーンによる映像が、とりあえずって軽い気持ちで入った者を心地よく圧倒する。スリランカ館は天井の演出がしみじみと印象に残る。八百枚の蠟けつ染めの布が全面に張られているのだ。中央には寺院を再現。

　このよくあるスタンダードな展示の脇に、去年のスマトラ沖地震による津波被害の様子を伝える何枚もの写真があり虚を衝かれる。ボロボロになって流された建材の写真と合せると、この素朴な寺院の展示に深みが加わる。

　大阪万博では外国館も、思わず中に入ってみたくなる変わった型のものが多く、その実入ってみると一番奇抜だったのはパビリオンの造型だったりすることがよくあった。その点でも愛知万博は逆の発想である。博覧会協会が各国に「モジュール」と名付けた十八メートル角のプレハブのような空間ユニットを提供、展示内装と外装はそれぞれの国で趣向を凝らして下さいというルールになっている。したがってどのパビリオンも型は一様に四角い。このモジュール方式は参加国の負担を軽くし、なおかつ解体し易く、再利用も可能と、徹底的に無駄を省く考え方に則ったものだ。だから参加国は外装の平面をどうデザインするか、皆と同じ立方体の中味をどう構成するかで知恵を絞る。そのためかえって真の実力が問われることにもなるのだ。

　コモン1の一番人気は韓国館で、明るいうちは四十分待ちだが午後六時以降になると十分待ちぐらいになるので後まわしにしよう。3Dアニメを見逃さないように。中国館では二〇一〇年に開かれる上海万博の案内パンフレットが配られるが、その万博の規模のでかさに驚く。インド館の二階は全部がバザール（売店）になっておりインド人の商魂が展示されてるかのよう。

ここで名前は掲げなくても並ばずに入れるところにはどんどん入って「この国イマイチだったな」とか「意外によかったねえ」と評価しよう。これが万博体験なのだ。

コモン2（北・中・南アメリカ）で一番行列ができるのは意外にも国際赤十字・赤新月館で、Mr. Childrenの「タガタメ」をBGMに世界各地の戦争や自然災害で傷ついていく人々と赤十字の活動を伝える映像が「感動する」と評判だ。人が銃殺される映像が万博で上映されるのは初めてではないか？このように、祭りというより問題提起の場としても機能する二十一世紀初の万博でアメリカはどうアメリカを見せるのか？ 答えはベンジャミン・フランクリンだった。誰も予想できない展開である。雷が電気であることを発見したフランクリンを主役にした、様々な仕掛けのある映像ショーで科学の発達を紹介する。エンディングでフランクリンは「今皆さんがいる二〇〇五年はどんな世の中ですか？」とどこかさみしそうに問いかけて終る。取りようによっては「反ブッシュ」か？これは。いずれにせよ大阪万博ではソ連と並び二大超大国ぶりをいかんなく発揮しアメリカのすべてを堂々と展示、「月の石」で万博を制した感のあるアメリカが、今回は「おもしろ科学館」と小さく出ているのだ。

大阪万博がその「月の石」なら、今回最大の見ものは「マンモス」ということになっている。コモン2から少し南下したところで、マンモスラボの単独観覧整理券を配っている。「単独」というのは、グローバル・ハウスでの「ブルー」とか「オレンジ」いずれかの〈最新の映像ショー〉プラス〈冷凍マンモス〉という従来の観覧方法が不評で、マンモスだけさっさと見せろ！ というリクエストに応えたシステムである。私はブルーホールの五十メートル×十メートルの二千五インチスクリーンの映像はかなり好きですけどね。こちらのコースの整理券は午前九時と午後五時にグローバル・ハウスの前で配られる。オレンジホールには「月の石」も展示されている。ややこしい説明になってしまった。

必見！　フランス、クロアチア。ロシアは……

コモン3（ヨーロッパ）は最も華々しいエリアだが行列も長い。外国館でただひとつのライドものを提供するドイツ館は常に二、三時間待ちで、私が唯一入っていない外国館である。フランス館も問題提起をつきつけるものの赤十字がストレートなら、こちらはエレガント。ルイ・ヴィトンの「天然資源の持続可能な活用を象徴する、海の塩を使った展示」は必見。また天井と四面の壁で上映される作品は人口の都市集中、貧困、戦争など〝傷ついた惑星・地球〟を描いたもの。今回最もレベルの高い映像との評判も。クロアチアも映像ショーが売りだが、どこに映すか？　どこから見るのか？　の段取りがなかなかカッコいい。

コモン3とコモン4（ヨーロッパ）はパビリオンで営業するレストランのレベルが高い。スペイン館の「スター・シェフ・メニュー」は、スペインのトップシェフ十三人が作った十三の小さな料理の洒落たプレート。チェコ館、ポーランド館、ブルガリア館の店も評判が高いが、並ぶことになる。並ばずに、しかし万博っぽいものをお望みならコモン4の北欧共同館がよい。展示もいいがパビリオンの一角にあるアンデルセン・カフェのシーフード・プレート、ミート・プレートで北欧ビールを飲むのだ。ホットドッグはフライドオニオンがトッピングされた北欧スタイルのもので、急いでる人におすすめする。あと屋台ではコモン3のヨルダン館の脇にあるネイチャーカフェのピザも焼きたてがすぐに食べられる。

さて大阪万博の二大国のうちアメリカはややたそがれた展示で臨んできたがロシアはどうだろうか？　売りは「宇宙船」と「マンモス」であった。さきの冷凍マンモスは頭と足の一部だけだがロシア館ではマンモス一頭の原寸骨格標本があり「こっちのマンモスの方がすごかったです」と多くの小学生が作文に書くことだろう。そして有人宇宙船の実物も展示、堂々たる重厚長大な内容だが、なんかロシア館だけが大阪万博の精神性で止まっている印象を残す。お国自慢のフォルムが七〇年代的なのだ。

コモン5（アフリカ）のアフリカ共同館にはアフリカ象の骨格標本があり、ここで多くの人が写真を撮る。マンモスとアフリカ象の区別がわからなくなってくるのだ。そもそもマンモスってこんなに人気のあるものだったろうか？　これが万博マジックで、今年の春から秋にかけてのみ人々はマンモス好きになっているのだろう。コモン5ではとにかくスタンプが一気にたくさん押せて楽しい。

コモン6（東南アジア・オセアニア）は実は私の一番好きな場所である。タイ館は四月のある日、タイ人の旅行者が自国のパビリオンはがんばってるかな？　と訪れたところ、他の国に展示が負けていると抗議、その後改装してパワーアップを計ったという珍しいパビリオンである。強化ポイントはきらびやかな民族衣裳のコンパニオンの大量動員で、多くのお客さんと記念撮影に応じている。ニュージーランド館の前にはマオリ族の人々がむき出しの先住民族ぶりを見せており、こちらもフォトジェニック。そしてきわめつきがフィリピン館のマスコット「コーコー」。本書巻末の著者近影で私と笑っている、メガネザルを模したキャラクターである。見よこの造型を。胸に自分の名前が入っているのだ。ウィンクもする。日本のファンシー界が置き去りにしたセンスをたたえた表情が、七〇年と〇五年が頭の中で行ったり来たりしている私の心をとらえて離さない。

シンガポール館はスコール体験が有名だが、私はもうひとつの展示「受け継がれる記憶」をおすすめする。天井まである書架に二千五個の箱があり自由に取り出せる。中にはシンガポール在住の人の「ちょっとした思い出の品」とその解説が入っている。「よく通ったゲームセンターのコイン」や「小学校でこどもの日に配られたバッグ」などなんでもないがそれだけにシンガポールの人と一瞬ダイレクトに触れた感覚を覚える。こんな展示はいままでに無かった。

そして日本は？　日本人は？

長久手日本館は直径十二メートルの球体の内側すべてがスクリーンになる映像システムのみが見所だが、これだけのために八十分並ぶのはどうか？　私は閉館間際の午後八時から並んだところ四十分で入館できたが、おかげで帰りののぞみに乗り遅れてしまった。日本ゾーンなら、さほど並ばない長久手愛知県館のショーもきめ細かい演出で好感が持てる。

北ゲートをはさむ形で並ぶ企業館は、いずれも無理せず整理券が取れた時や、午後七時過ぎに待ち時間がガクンと少なくなる時を狙って入ってみるぐらいで良いと思う。

瀬戸会場へ行くモリゾー・ゴンドラは途中民家の上を通過する間、窓が全面くもりガラスになる所が面白い。今や万博は協会側がここまで市民に気を遣わなければ開催できないのだ。瀬戸愛知県館の映像ショーは冒頭に記した当万博の開催までの紆余曲折の中で瀬戸市の森がいかに守られたかを教えてくれる内容で大阪万博ではそんな発想はチリほどもなかったものだ。ちなみに音響システムはかなりレベルが高い。瀬戸日本館はJ・A・シーザー演出の群読劇「一粒の種」の上演、青山円形劇場で五千円ぐらいの値段でやってそうな内容のものが二十分ほど、タイトにエネルギッシュに上演される。

ちなみに瀬戸会場の売店にも誰の意図なのか「マンモスの牙」が展示してあってみんなが触っている。

森林体感ゾーンのサツキとメイの家は万博終了後にどこかに移され常設展示されると見た。

あとEXPOドームやEXPOホールで連日日替りで開かれるイベントも、空席があったりすると上演中も自由に出入りできる。中国雲南省の少数民族の皆さんの歌と踊りは途中から鑑賞したがいいものだった。場内をブラブラしてる時、あっちで何か始まったぞ、行ってみよう、そんな歩き方でいいのだが、前述したように必ず足が痛くなる。そういう時は畳が敷いてある屋内休憩所でたっぷり休もう。座布団もあるので小一時間ぐらい昼寝してもいいくらいだ。体育会系のカップルがお互いの足をアクロバチックにマッサージし合っていて面白かった。

会場内ではテラスで合席になった客同士で会話がはずむことも多い。名古屋の女性と他県の女性の会話。「私、今日、日立入ったの。九十分ぐらいかな、並んだけど良かったわよ」「私はまだです。並ぶのが嫌で」「運よくそんなに待たないこともあるって、七十分で見れたんだから」と、ちょっとした間にサバが読まれていたり。私もマレーシア館のテイクアウトレストランでロティーチャナイ（薄焼きナンとカレー、美味い）を買って、ひとりテーブルで食べていたら、富山から来たらしい六十代とおぼしき女性二人と合席になった。いきなり「大学生？」と訊かれちょっとびっくりしたが、東京で自由業の四十男なんて皆、大学生に見えるのかも知れないなと思った。

八回行ってると万博会場の方に里心が芽ばえてしまって、行く度に「帰ってきた」みたいな感覚さえ出てきて、お、今日もコーコーは子供に人気だ、と目を細めたり、ホットドッグが食べたくなってまた北欧共同館に行ったりと、行動に余裕が出て来るのだが、ふと、ああこの万博もまた九月には終るのかという三十五年前の記憶がよみがえってきて、愛知県の子供たちも閉会式見て泣くんだろうなあ、いや大人も、なんて考えているうちに愛知県のことが少し好きになっている自分に気づいたのだった。

あとフィリピンとシンガポールも。

（「小説新潮」05年8月号）

＊

〇九年三月のある日、私は会場跡地を訪れた。万博開幕後では初めてのことである。メインの長久手会場だったところは現在「愛・地球博記念公園」愛称「モリコロパーク」として生まれ変っている。地下鉄東山線の藤ヶ丘駅から東部丘陵線（リニモである）に乗り換え愛・地球博記念公園駅で下車してみた。平日だったこともあり、とにかく人がいないという印象を抱いた。グローバルループとパビリオンが無くなると、起伏のある大きな空き地である。マンモスラボもあったグローバルハウスは残っており、アイススケート場と温水プール、レストランや売店が入っている。実は私の目当てはモリコロショップという名のこの売店である。閉幕後は森に帰る（封印する）ことになっていた、モリゾーとキッコロだが、人気がすさまじく会期後半はそのグッズが飛ぶように売れたモリコロの最新のグッズが置いてあると踏んだからである。行ってみると客はまばらだが、小さなスペースにモリコログッズがずらりと並んでいた。「モリコロパーク一周年記念バッジ」同じく二周年、三周年のバッジなどが、それぞれ数種類ずつ、その他シールや文房具、Tシャツなど予想以上の品揃えである。また東京では見たことが無い「愛・地球博オフィシャル記録映像」のDVDもあった。

モリコロパーク内に残された設備は「サツキとメ

イの家」「大観覧車」そして当時は迎賓館だった建物が「愛・地球記念館」という資料館として生まれ変っている。ここの展示も素晴らしい。そして「遊びと参加ゾーン」だったエリアがそのまま残り、巨大な噴水や遊具などで多くの子供たちが遊んでいた。たぶんここは元の愛知青少年公園の頃からあった施設なのだろう。よくよく見ると意外に客は多かった。入場無料だし。

また北ロエントランス近くの土地（日立グループ館やトヨタ館があったあたり）が工事中で、どうやら新しいドームのような建物ができるらしい。

したがって「モリコロパーク」はまだ現在進行型のテーマパークである。そして私のようなロスト愛知万博症に見舞われた者にとっては十分に満足な公園である。

高橋洋二さんに見た理想の大人像

宮崎吐夢（俳優）

高橋洋二さんの文章に初めて触れたのは平成元年、私が十八歳の時でした。

それまで中学・高校と全寮制の学校にいた私はTV番組を定期的に視聴する習慣がほとんどなかったので、TV雑誌というものに目を通したことすらなく、初めて手にしたTV誌が『TV Bros.』でした。『TV Bros.』は今でも番組やTVタレントに無関係のエッセイがたくさん掲載されていますが、この当時はライターさんの人選も書かれている内容も今よりさらに混沌としていて、どこかミニコミのような雑然としたところが魅力の雑誌でした。

そのなかで、一見落ちついていてオーソドックスな文体ながら、一風変わったコラムを書かれている方がいました。

それが高橋洋二さんでした。

高橋さんが同誌で九年間に渡って連載されていたTVコラム『10点さしあげる』は、ご自身がTVを鑑賞していて、「面白い」「つまらない」に関係なく、心の琴線に触れたもの（単行本では、「おお！俺は今テレビを観ている！という実感を与えてくれたもの」と定義）をとりあげて、「〝10点〟をさしあげる」というコンセプトのコラムですが、わずか原稿用紙にして二枚半の紙幅のなかで、ひとつの番組のちょっとしたレアなエピソードを取り上げ、そこからある結論を導き出し、さらに視点を変え（あるいは掘り下げ）、まったく別の番組の話へと展開・着地させていき、最後は決まって「10点さしあげる」の一文で締める、それまで読んだことのない不思議な読みもので、私はこのコラムに猛烈に惹かれ、すぐにファンになりました。

それから何年かして私は、「大人計画」に入団して演劇活動を開始することになるのですが、大学の前半は学内で雑誌を発行するサークルに所属していて、将来は出版社か編集プロダクションにでも就職できたらと考えていました。もし雑誌の編集者になれたら、ゆくゆくは高橋洋二さんとお仕事できる機会を設けられれば……といったようなことも夢想していました。

しかし大学三年の時にいきなり、高橋洋二さんご本人にお会いする機会を得ました。大人計画に入って二度目の公演を高橋さんが観にいらした際、その打ち上げの席でお目にかかったのです。ちなみに私が最初に高橋さんと交わした会話は、「『タモリ倶楽部』の万博の回（本書32頁参照）、拝見しました」。そして万博グッズ自慢ジャンケン（っぽいコーナー）には出演もされていて、その時はアゴヒゲをたくわえていたので、「ヒゲを生やされてましたよね」とも付け加えました。すると高橋さんは「あ、はい。もう、剃りましたが」と仰いました。

それにしても編集者志望から演劇の道にシフトチェンジをしたとたんに高橋さんと知り合って、さらにこうして『10点さしあげる』から単独の著書としては十三年ぶりの、待望の単行本に寄稿までさせていただけることになるとは、まことに縁とは不思議なものです。

ところで、私は劇団員として活動するかたわら、劇団主宰者の松尾スズキさんの勧めもあり、しばらくして文筆の仕事も行うようになったのですが、文章を書くにあたって先ず最初にお手本にした書き手はやはり高橋洋二さんでした。たとえば、今現在私は週刊『SPA!』で、「宮崎吐夢の難聴だもの」という、音楽の中身にはまったく触れないまま最後は必ず「だって私、難聴だもの」の一文で締めるCD評を連載していますが、これなどあからさまな「10点さしあげる」オマージュ（「10点さしあげる」メソッド?）ですし、「なるべくひとつの文章に2アイディア、2エピソードを盛り込む」、「ケナす時は誉めつつ」「誉める時は若干ケナしつつ」など、高橋さんの文章から学んだことは数知れません。

また、技術的なこと以外にも多くを学びました。

高橋洋二さんの文章にあって、他の書き手にはあまり見られない特色があります。

それは「クイズ」と「予言」です。

高橋さんの文章のなかには、よく「歌謡曲クイズ」と「どうでもいい予言」が登場します。私が『10点さしあげる』のなかで一番好きなコラムは、「91年の年頭に予言をします」という回で、「今年の前半、栗田貫一が世の注目を浴びるでしょう」という予言を行います。それは「昭和33年3月3日生まれの人は、平成3年3月3日に33歳になる」という事実に気づいた高橋さんが、タレント名鑑をアタマから調べ上げ、ようやく該当するタレントである「クリカン」を見つけて、当日は何か「3並びにちなんだイベント」を仕掛けるに違いないと当たりをつける、という非常にどうでもいい内容の最高のコラムです。しかも、その予言は当たりませんでした（というかハズれたのかどうかもよくわからない予言でした）。

本書でも、「歌謡曲に関するクイズ」と「お粥ブームがくる」「竹酢液の入浴剤が発売される」他、「どうでもいい予言」がたくさん出てきます。

高橋さんは飲みの席でも、よくクイズを出題します。たまに予言もします。私が今、覚えている予言で唯一当たったのは、高橋さんが痩せられた頃（50〜54頁参照）、酒の席で私に「君も痩せなさい」としきりに言ってくることがあって、「わかりました。痩せます」と言ったら、すかさず「いや、君は痩せないね」と予言（断言）しました。その予言（？）通り、私は痩せませんでした。

大人になると普通、人はなかなか日常でクイズを出し合ったり、予言を行ったりはしません。なぜなら、クイズや予言をわざわざ考えたりするのは、かなりアタマを使う意外とたいへんな作業ですし、そんな余裕もなかったりするからです。

そういう意味で私は、大人になってもくだらないクイズを出し合ったり、どうでもいい予言を披露したりできる、「ゆとり」「余裕」（などという言葉を使うと、どうしても手垢のついたニュアンスを含んでしまいますが）、そういったものがある人たちのことを、真の意味での「勝ち組」というのではないかと思うのです。

高橋さんの文章には幅広い知識や見識が盛り込まれていますが、そのどれもがこれみよがしな形ではなく、「くだらなさ」「バカバカしさ」に裏打ちされています。そういう、なんと言えばいいのでしょう、どこか「人生、楽しそうな感じ」がするところに、大学生の私は一番強く惹かれ、学んでいったのだなと今にして思います。

あとがき

本書に収録した文章は一九九七年から二〇〇七年にかけて書いたものだから、すべてに追記を書きおろした。単行本化のお話をいただいたのが〇八年の春。随分と時間をかけてしまった。夏までに書き上げようと思ったが北京五輪が始まり、どうせなら本大会の結果も追記に反映させようといったん筆を置いた。じゃあ秋までに、と思ったら〈百年に一度の不況〉が起こり、私のまわりも含め世の中の風景が少し変り、追記にも影響が及んだ。結局年が明け、〇九年三月の第二回ＷＢＣのことも書けるようなペースでの作業となった。

その間、いっさいの催促を入れずに編集作業を進めて下さった国書刊行会の樽本周馬さんに感謝します。たびたびの打ち合せでは進行具合の確認を一通りすませると、どちらからともなく、最近観た映画の話になった。樽本さんも私と同様に手帳の年間スケジュール欄に観た映画の作品名を記入しているので話が早かった。また樽本さんも映画館の客のマナーに一言ある人で、マニフェストとして「コンビニの袋持ち込み禁止」を主張している。私も同感である。クシャクシャうるさいのだ。

対談に快く応じて下さった、爆笑問題の太田光さん、田中裕二さんと、世界のナベアツこと渡辺鐘さんに感謝します。

爆笑問題との対談で太田さんに私の書く〈ボケ案〉を「プロフェッショナル」と評価してもらい、嬉しくなってしまった私は、対談後の「サンデージャポン」でがんばってボケ案をいつもの量の三倍ぐらい大量に書いた。このボリュームをキープしていこうと思ったが翌週からまた元の量に戻ってしまいました。

渡辺鐘さんとの対談のあと、「アメトーーク」の企画でこんなのを思いついたんですけど、と「歯並びガタガタ芸人」というものを提案したところ渡辺さんは「いいですねえ」と反応してくれた。もし会議でこの案を出して、そのことで渡辺さんの評価がわずかでも下がってしまうことになってしまったらすいません。

特別寄稿を書いて下さった宮崎吐夢さんに感謝します。執筆を依頼してから少し経った頃に会って食事をした時「どんなスタイルで何を書いたらいいのか迷ってます」と宮崎さんは言い、アメリカのテレビ番組で観た、ダスティン・ホフマンを讃える、モーガン・フリーマンが開口一番「ダスティン・ホフマン……ダスティン・ホフマン……ダスティン・ホフマン……」と情感を込めてスピーチしていたのが最高だったので、それをやってみようかなとも思ってます、と言ってましたが、実際に書いていただいた文章は、そんな「宮崎流」のものとはガラリと趣を異にした、キレのあるストレートボールでしたね。目の肥えた人に分析される喜びを憶えました。

新潮社の楠瀬啓之さん、小林由紀さんをはじめ、私に原稿を依頼して下さったそれぞれの出版社の編集者の皆さんに感謝します。

そして素晴らしい装丁を施して下さった和田誠さんに感謝します。私は、中学時代は星新一さんの文庫本の表紙などで和田さんの作品の楽しさに触れ、高校時代は和田さんの著書『お楽しみはこれからだ』などで、この人は映画鑑賞家としてもとてつもないぞ！と感じ入ったものです。そんな私の顔を和田誠さんに描いていただける日が来るなんて、その歓喜は他に喩えようがありません。ミュージカル映画『愚者の歓喜』で歌い踊る、クラーク・ゲーブルの姿のような心理状態とでも言えばいいでしょうか。

さて、本書はタイトル名が決まらないまま編集作業を行なっていた。〇八年は何かいいタイトルはないか考えながら日々を過ごしていた。そして〇九年一月の某日、爆笑問題の所属事務所、タイタンの新年会でのこと。所属タレントさんや各局の関係者の皆さんが集まった中、スピーチの順番が私にまわってきた。ひと笑いほしいと思った私は、「私事ですが今年は私の本が出ます。タイトルは『オールバックの放送作家』にしようと、今思いつきました」と挨拶したのだった。笑いは〈中笑い〉だったが、これはいいタイトルかもしれないと感じた。

こうして、あとがきを書いている今も私はオールバック。時間は午前三時。本書のタイトルに偽りのない生活を送っている。そしてもちろん、これからも。

ありがとうございました。

二〇〇九年五月　高橋洋二

高橋洋二（たかはし ようじ）
1961年生まれ。法政大学経済学部中退。84年「吉田照美のてるてるワイド」（文化放送）で放送作家デビュー。以後多くのテレビ・ラジオ番組の構成に携わる。またWAHAHA本舗プロデュース公演、タイタンライブ等の舞台の作・演出も手がけ、エッセイストとしても活動する。著書・共編書に『10点さしあげる』（大栄出版）、『ヴィンテージ・ギャグの世界』（ナンシー関と共編著、徳間書店）、『EXPO70伝説：日本万国博覧会アンオフィシャル・ガイドブック』（オルタブックス編、メディアワークス）がある。

著者近影（コーコーと共に）

●構成担当の番組（の一部／順不同）

「さだまさしのセイ！ヤング」「ぱぱらナイト」「早見優ロックラップ4」「田村英里子のマシュマロワンダーランド」「桑野信義のお遊びジョーズ」「夜マゲドンの奇跡」（以上文化放送）「爆笑問題カーボーイ」「キック・ザ・カンクロー」「アンタッチャブルのシカゴマンゴ」「談志の遺言」（以上TBSラジオ）「パックンたまご！」「タモリ倶楽部」「クイズおもしろTV」「GAHAHA王国」「ENKA・TV」（以上テレビ朝日）「コドモニヨン王国」「大爆笑問題」（以上テレビ東京）「ディープキッチュ」「超ねんてん博物館」（以上関西テレビ）「タモリのボキャブラ天国」「ポンキッキーズ」「スタ☆メン」「感じるジャッカル」「ハッピーボーイズ」「爆笑おすピー問題」（以上フジテレビ）「爆笑大問題」「爆笑問題のススメ」（以上STV）「ギグギャクゲリラ」「太田光の私が総理大臣になったら…秘書田中。」（以上日本テレビ）「デカメロン」「スパスパ人間学！」「はばたけペンギン！」「サンデージャポン」「爆笑問題のバク天！」（以上TBSテレビ）「ポップジャム」「紅白歌合戦」（以上NHK）

オールバックの放送作家《ほうそうさっか》——**その生活《せいかつ》と意見《いけん》**——

2009年5月25日初版第1刷発行

著　者　高橋洋二
発行者　佐藤今朝夫
発行所　株式会社国書刊行会
〒174-0056　東京都板橋区志村1-13-15
電話03-5970-7421　ファックス03-5970-7427
http://www.kokusho.co.jp
印刷所　(株)キャップス＋(株)モリモト印刷
製本所　(資)村上製本所

Ⓒ Yoji Takahashi 2009
ISBN978-4-336-05085-4
落丁・乱丁本はお取り替えいたします。

ピントがボケる音
安田謙一
A5判／三二〇頁／二九四〇円

タイニー・ティムからクレイジーケンバンドまで……ポップカルチャーのデリケートゾーンを掻きむしるロック漫筆家・安田謙一、待望のヴァラエティ・ブック。山本精一との対談も収録！

ぼくがカンガルーに出会ったころ
浅倉久志
四六変型／三九〇頁／二五二〇円

SF翻訳の第一人者浅倉久志、初のエッセイ集。SF・翻訳に関するコラムの他、訳者あとがき・解説、さらには膨大な翻訳作品リストも収録（単行本・雑誌発表短篇全リストなど）。装幀・和田誠

文学鶴亀
武藤康史
四六判／三四八頁／二三一〇円

古くて新しい〈ことば〉〈文学〉を探る日本語探偵帖！　気鋭の評論家、待望の文藝エッセイ集成。「里見弴を呼ぶ声」「国語辞典を引いて小津安二郎を読む」「吉田健一とその周辺」他。

ハイスクールUSA
アメリカ学園映画のすべて
長谷川町蔵／山崎まどか
A5判／三三五頁／二二〇五円

今やアメリカ娯楽映画の一大ジャンルとなっている〈学園映画〉。ヒット作からカルト作まで一五〇本を厳選、その魅力と楽しみ方を読みやすい対談形式と膨大な注釈で紹介する最強のシネガイドブック！

税込価格・なお価格は改定することがあります